李焯芬 著

心耕

中华书局

图书在版编目（CIP）数据

心耕/李焯芬著. —北京：中华书局，2015.3
ISBN 978－7－101－10595－7

Ⅰ.心… Ⅱ.李… Ⅲ.成功心理－通俗读物
Ⅳ.B848.4－49

中国版本图书馆 CIP 数据核字（2014）第 282104 号

书　　名	心　耕
著　　者	李焯芬
责任编辑	焦雅君
出版发行	中华书局
	（北京市丰台区太平桥西里 38 号　100073）
	http://www.zhbc.com.cn
	E-mail：zhbc@zhbc.com.cn
印　　刷	北京瑞古冠中印刷厂
版　　次	2015 年 3 月北京第 1 版
	2015 年 3 月北京第 1 次印刷
规　　格	开本/880×1230 毫米　1/32
	印张 7⅝　字数 120 千字
印　　数	1－10000 册
国际书号	ISBN 978－7－101－10595－7
定　　价	30.00 元

目录

心耕

自 序

　　相对于一些西方国家的孩子们来说，我们东方社会的许多莘莘学子们往往要面对更大的功课压力、更激烈的竞争。他们绝大部分的时间和精力都放在知识的教育上。以香港为例，课余上补习学校的同学比比皆是，补习学校成行成市，成了香港教育一道独特的风景。这样一来，能够花在人文教育及品德熏陶上的时间就相对地少了。假如我们用香港大学的校训来解读这个现象的话，那就是"格物"的时间多，"明德"的时间少，有点不成比例。

　　这种情况与香港经济的现实似乎亦有矛盾之处。众所周知，今日的香港经济以服务业为主，占了总产值的九成多。往昔，由工业生产主导的经济体系最重视生产效率及技术更新。今天，由服务业主导的香港经济则更重视员工的品德情操和服务态度，这也是许多国际级大企业近年招聘大学毕业生的其中一项诉求。人力资源专家预计未来三十年内，随着全球经济一体化的不断深入，人的素质与专业技能将会同样受到重视。

所谓"人的教育"，当然涵盖了中小学的德育和大学的素质教育，也包括了家庭和社会教育的元素。只是供中小学德育课程使用的教科书着实不多。许多学校都是用生活例子和楷范人物作为德育教学的参考。也有一些学校和老师用传统文化或宗教伦理道德的素材作为德育教育的主要内容，辅以一些故事，因为故事往往能令说理变得更动听，更能令人有所感悟。眼前这本集子里的小故事均选自笔者在香港《经济日报》的"活在当下"专栏，或许也能为老师们的故事库提供一点补充。

　　育人是一种心耕和深耕的工作。我们的老师（和家长）们都是辛勤耕耘学子心田的园丁。他们永远是这样的任劳任怨、鞠躬尽瘁，教我们既感恩复景仰不已。

李焯芬

心田杂草

心耕

第一章

　　《圣经·旧约》记载，上帝曾通过摩西传达"十诫"，要求世人遵守，以免堕入罪恶之渊。

　　佛教也有五个根本烦恼之说，即贪（婪）、嗔（恨）、（愚）痴、（傲）慢，以及（猜）疑。这些都是人心田里的杂草，如不及时除掉，当会影响心耕的收成。

　　这一篇章里的小故事，反映了人心中的种种恶念与烦恼。

博物馆盗窃事件

有一间博物馆的多件镇馆之宝，居然在一夕之间全都不翼而飞！

据警方推测，这件盗窃案绝非一人所为，而且这群窃贼也定是行家，因为从避开警铃、开保险锁到接应等，他们都一一过关。现场完全没有任何破绽，更未被监视器所拍摄到。

馆长面对遗失的宝物，非常心痛。由于一直找不到线索，最后馆长决定提供巨额赏金，希望能早日破案，寻回宝物。

这天，馆长接受电视台的访问，他颤抖地说："这十三件全是精品，尤其是那件翡翠戒指更是价值连城……"

没多久，竟然破案了。然而，破案的关键并不是因为那些精品被找到，而是这群窃贼闹内哄，双方人马开火，因而被警察逮捕。

受伤的窃贼躺在床上，很无辜地说："当时是我与另一位伙伴进入馆内偷窃，不过我们只偷了十二幅画，并没有拿到什么翡翠戒指。可是，没有人相信我们，每天逼迫着我们交出戒指，甚至连我的伙伴也认为是我独吞了！但是，我真的没有拿啊！我真的没有！"

馆长来到警局验收失窃的画作时，笑着说："我相信他！"

现场每个人都不解地看着馆长，馆长解释说："谢天谢地，这十二幅画总算是完整无缺地回来了！啊，关于翡翠戒指的事，过去馆里确曾有过这枚戒指，但是后来转卖了。因为我太紧张而忘了，所以一时糊涂说错了！"

听完之后大家都发出会心微笑。

"猜疑"是人与人合作时最忌讳的事。一旦心中有了猜忌，再亲密的友谊也会出现危机。

原来，馆长就是利用这个人性的弱点，诱使犯人内斗，因而成功地破了案。

问心·发心·修心

"猜疑"是人类的弱点之一。

因为，每个人都害怕被陷害，更担心被出卖，因此免不了都会有怀疑的心理。

你能做到不猜疑吗？你又有没有真诚待人？

岁月大盗

贝利是上世纪二十年代美国著名的珠宝大盗。他偷盗的对象，都是有钱有地位的上流社会名人，而由于他本身也是位艺术鉴赏家，所以有"绅士大盗"之称。

一次贝利终于失手被捕，被判刑十八年。

出狱后，全国各地的记者纷纷前来采访他。其中有位记者向他问了一个有趣的问题：

"贝利先生，你曾偷了许多有钱人家的珠宝，我想知道，蒙受损失最大的人是谁？"

贝利不假思索地说："是我。"

记者们哗然。

贝利接着解释说："以我的才能，我应该能成为一个成功商人或银行大亨，或是对社会很有贡献的人；但我不幸选择了做小偷，成了一个向自己偷盗的人——各位都知道，我生命中最可贵的四分之一时间，是在监狱里消耗掉的。"

同样的事例并不鲜见——

宁格是一位很有才华、造诣很深的画家。他曾经花费了很多精力，以鬼斧神工的技艺，一笔一画地手工绘制了一张二十美元的钞票。

和贝利一样，他最后也因触犯法律而被捕了。

更讽刺的是，宁格画一张二十美元钞票所耗费的时间，跟他画一张可以卖到五百美元的肖像画所需的时间，几乎是相同的。但不管怎么说，这位天才的画家，却是一个制造伪钞的小偷。

最大的可悲是，被偷得最惨的那个人，不是别人，正是他自己。

问心·发心·修心

贝利和宁格两人，其实都是天分很高的聪明人。

在任何一个专业领域里，他们完全可以凭借自己的本领赢得成功，占有一席之地。

只是一念之差，让贪婪心征服了自己，令两人都变成了自己人生的偷盗者。

可怕的传染病

某天早上，何先生起床较晚，看来今天可能要迟到了，连早餐也来不及吃就匆匆开车上班了。

一路上，为了赶时间，他连闯了好几个红灯，结果在一个十字路口，被交通警察拦截住，并给他开了张罚单。这样一来，上班迟到更是笃定的了。

到了办公室，何先生有如吃了火药一般，看到桌上放着几封昨天下班前便已交代秘书寄出的信件，他更是生气，把秘书叫了进来，劈头就是一阵痛骂。

秘书被骂得莫名其妙，心里自然不舒服，拿着未寄出的信，走到接待小姐的座位，也是一阵痛骂，责怪接待小姐昨天下班前没有提醒她寄信。

接待小姐被骂得心情恶劣之极，看到全写字楼职位最低微的清洁工，便借题发挥，对清洁工的工作没头没脑地又是一连串的指摘。

下班回家后，清洁工见到读小学的儿子趴在地上看电视，衣服、书包、玩具丢得满地都是，当下把握机会，把儿子好好地修理了一顿。

儿子电视看不成了，忿忿不平地回到自己的睡房，见到家中那只猫儿正躺在房门口睡懒觉。儿子一时无名火起，就狠狠地踢了猫一脚。

这时，何先生正巧路过。猫儿一肚闷气无处发泄，便狠狠地抓了何先生的腿一下再溜掉。何先生看着被猫抓伤了的外皮，百思不解："我这是招惹了谁啊？"

♥

问心·发心·修心

骂人看来也是一种传染病，病源是人的不耐烦。

传染病是需要隔离的；宽容是最有效的隔离治疗法。

没用的眉毛

有一天，眼睛、鼻子和嘴巴在一起聊天。闲谈之间，大家说起了那高高在上的眉毛，都不约而同地感到有点不服气。

眼睛说："眉毛有什么用？它凭什么要骑在我们的头上？眼睛是灵魂之窗，有了眼睛才能看见世间万物。我要是不看，人们连走路都不行了！"

鼻子也不服气，说："全靠鼻子呼吸，人才能活下去。还有，我这鼻子可以嗅各种气味，感觉最灵敏。眉毛算什么，一点用处都没有。它怎么可以站在我们的上面？"

听了眼睛和鼻子的抱怨后，嘴巴也不服气，鼓着气说：

"在人的脸上我最重要，我也是最有用的！我一不吃东西谁也活不了。我应该排在最上面。眉毛最没用，它应该站在最下面才对！"

眼睛、鼻子和嘴巴一边互相争执，一边又对眉毛诸多责难。

眉毛听了大家的话后，心平气和地说："既然你们都认为自己最有用、最重要，那我就搬到你们下边去吧。"

说着，眉毛便往下走，搬到眼睛、鼻子及嘴巴下面去了。

可是，当眉毛换了位置，眼睛失去了一道遮挡太阳的屏障，而且汗水、雨水没有了眉毛作为引水道，很容易就渗到眼睛里，当然连鼻子及嘴巴也沾湿遭殃了！

还有，大家一看镜子里的新面容，怎么变得怪怪的，太不像样！无论是开心还是愤怒也好，表情都表达不出来了！

于是，大家只好又请眉毛回到原来的位置上去。

❤

问心·发心·修心

人往往把自己看得过高，生了傲慢之心，自以为样样都最好。

事实上，每个人都有些优点值得我们学习。

"取人之长，补己之短"，确是至理名言。

爸爸，可以陪伴我吗?

大卫三十岁那年，儿子出世了。

婴儿很可爱，可是大卫没有时间陪他成长，因为他要多赚钱养家。

大卫不在儿子身边时，他学会了走路和说话。

一天早上，大卫如常地摸了一下他的脸颊，然后拿起公事包往外走。

儿子抱着他心爱的小狗，抬头问大卫："爸爸，你什么时候回家？"

"哦，说不准，不过爸爸有空一定会陪你玩。"

儿子看着爸爸，觉得他是自己的模范，说："爸爸，我长大后会像你一样。"

儿子十岁了，大卫送了他一个篮球。

他说："谢谢爸爸，你能陪我打篮球吗？"

大卫说："今天恐怕不行，我还有很多事要做呢。"

"那好吧。"他脸上没有显出失望的神色；他很坚强，愈来愈像父亲大卫了。

有一天，孩子从大学放暑假回家了，完全是个男子汉的模样。

大卫问他："难得你放假回家了，今天晚上一家人一起吃顿饭好吗？"

他摇了摇头，说："我约了旧同学去兜风，你的车子借我用用吧！谢谢，再见。"

大卫退休了，儿子也结婚搬出去住了。

有一天，大卫给他打电话："你好吗？我想见见你呢。"

他说："今天不行，我还有许多事要做呢！"

大卫忽然觉得这句话太熟悉了。

啊，儿子长大了，真的很像当年的自己。

大卫再问儿子："你什么时候回家？"

"哦，说不准，不过我有空一定会去看你。"

♡

问心·发心·修心

许多香港人生活很富有，但时间却很贫乏，连跟家人相处的时间也不多，关系因而变得疏离。

但愿大卫的故事，不会在你的身上发生。

择偶记

为了解决自己的终身大事，一位年轻男士走进了一家婚姻介绍所。

一位女接待员把他领进了会客厅，然后对他说："现在请你到右边的房间里去。你将要穿越过一条走廊，沿途两边各有一扇门，每一扇门上都写着你心仪对象的一些资料，以便供你选择。祝你好运！"

男士于是按她的指引走进那房间，最先他看见有两扇门。

第一扇门上写着"终身伴侣"，另一扇门上写着"至死不渝"。他忌讳那个"死"字，于是便选择了第一扇门。

接着，他又看见两扇门，左侧写着"黑发"，右侧写的是"金发"。不晓得为什么，男士总爱把"金发"和"美人"联想在一起，于是便推开了右侧那扇门。

进去以后，又有两扇门，左边写着"青春玉女"，右侧则是"成熟少妇"。可想而知，男士进入了左边那扇门。

进去以后，又是两扇门，分别写上"疼爱丈夫"和"需要丈夫陪伴"。男士选择了前者，之后还有"双亲健在"和"举目无亲"，"多情"和"聪明"等门，男士都一一做了选择。

终于到了最后的两扇门了，分别写的是"有物业、有资产"

和"靠工资过活"。这对那位年轻男士太重要了，他理所当然地选择了前者。

但当他推开那扇门时——天啊！他发现自己竟回到了接待处的位置！

那位女接待员就站在他的面前。

她满面歉意地对他说："对不起！你的要求高了一点。我们这里没有适合你的对象。"

问心·发心·修心

贪念作怪！

人总是希望多拿点好处。

只是希望愈大，失望也愈大。

在雪山之巅

欧洲一个著名的雪山探险队伍正准备增补一位登山队员。消息传出后，不少人前来应征。

探险队队长对每一位应征者都进行了极为严格的体能测试，最后剩下了三位十分优秀的候选人。

队长接着要这三位候选人接受一项心理测试，以便选出一位成功者。

这三位候选人分别被安排在不同的房间内。

队长先到第一个房间内，微笑着问第一位候选人："假若你距离珠穆朗玛峰的峰顶只差十米之遥，但是有一位登山队员在你前面一米之处。这意味着他将是第一位登上珠峰的人，而你只是第二位。这时刻，你会怎样办？"

第一位候选人听了，立刻说："我会毫不犹豫地跨前，要超越过他！"

第二位候选人的答案亦是大同小异。

第三位候选人则说："那没什么，就让他做第一吧，我乐于做第二名。我是个雪山探险者，不管我是第几名，只要能登上世上最高的珠峰，那就够了。"

队长最后选定了第三位候选人。

他向大家解释说：

"我和雪山打了大半辈子的交道了。在雪山之巅，你的脚下随时随处都是可以致人于死地的自然陷阱。假如在这种环境中，你还存着独占鳌头的欲望，那就很容易踏入死亡陷阱，或掉入千丈冰谷中去了。只有那些内心豁达宁静的人，才能最终踏上世界的顶峰。"

欲望令人容易坠落陷阱而不能自拔，每天都不缺这样的新闻。

只有内心豁达宁静的人，最终才能够成为生活里的成功者。

一步登天

彼德大学毕业后到某大企业工作，起初满怀自信，憧憬着自己如何迈上成功路，日后大展拳脚，成就一番事业。

可是事与愿违，几年过去了，当初的激情被无情的现实打消了大半，现实和理想完全不一样。

彼德尝试着换了几份工作，但总是觉得离自己想要的待遇相差甚远，心情因此抑郁极了。

后来，在家人的劝说下，他去看心理医生。

那位心理医生的诊所是一幢两层高的小楼。

一进门，是个厅堂，陈设非常简单，唯一较别致的是厅中有一道 S 型的旋转楼梯，通上二楼。

心理医生在楼下会见了他。

彼德向他倾诉了自己的苦恼。

医生静静地聆听，什么也没说。

等他讲完，医生问："你刚才进来时，在想什么？"

彼德实话实说："我当时想：二楼一定会比楼下漂亮，为什么不把诊所设在二楼呢？"

医生笑了笑，说："好，你现在就上二楼去看看吧！"

彼德于是上二楼去看了一下。

回来后，医生问他："二楼如何？"

"真不错！比楼下装修得好，很亮堂。"

"你怎样上去的？"医生继续问。

"走上去的。"

"怎样子走上去的？"

彼德不禁哑然失笑，说："当然是一步一台阶地走上去啦！"

"对，你的事业亦如是，只能一步一台阶地走上去，不能贪心妄想自己能一步登天啊！"

问心·发心·修心

专心走好每一步。

自己的人生价值，总得由自己创造。

城市里的心墙

一位建筑大师一生杰作无数。

在欢度八十岁寿诞之后，他宣布准备完成封笔之作后便归隐山林。

一言方出，求他设计住宅大楼者便踏破门庭。

大师感到自己一生尽管得奖无数，最大的遗憾却是看到现代城市空间被分割得支离破碎，楼宇加剧了人与人之间的隔膜和冷漠。

他很想打破这种隔膜，希望在住户之间开辟一条交往的通道，重拾昔日那种大家庭的欢乐与温馨。

一位颇具胆识的地产商赞赏他的这个理念，于是出巨资请他做建筑设计。

经过半年的努力后，他的设计出来了，不但业界一致叫好，连媒体和学术界也交口称誉。地产商更是信心十足，立即下令施工。

终于竣工了。可是令人惊异的是——大师的全新设计，却叫好不叫座，楼盘的销售额始终处于低迷状态。

地产商急了，于是请顾问公司去做市场调查。

调查的结果不久就出来了。原来人们不肯购买这个新楼盘的原因，是怕邻居之间交往多了，猜疑和是非也就多了；孩子们在这样自由的环境里活动的空间大了，但又会变得更难看管；还有，屋苑里的公共空间愈大，人事愈复杂，对保安亦十分不利。

大师听完了这个反馈，感到十分失望。

他退还了所有的建筑设计费，与老伴退隐山林去了。

♡

临行前，他不无感慨地与朋友们说：

"作为建筑师，我可以拆除阻隔空间的砖墙，但我实在无法拆除现代社会里人与人之间那道坚厚的心墙。"

沉重的心债

二十世纪八十年代初，一位在工厂里当助理出纳员的女工，有一次从财务科领取工资下发给车间的工友们。

事后，她发觉手里还剩下了五百九十四元。而这位女工当时的月薪只有七十一元。

手上这五百九十四元，对她来说多么重要！

她的父亲因癌病刚刚去世，留下了因治病而欠下的债务三千多元；她的弟妹正在读高中，而女儿嗷嗷待哺，肚子里还有另一个小生命即将降临。

对于她来说，这笔金钱实在太重要了。她悄悄地把钱收了起来。

然而，她没有想到，就这一念之差，这五百九十四元竟成了她沉重的心理负担。

这五百九十四元，折磨了她十多年，时时刻刻都困扰着她，令她寝食难安。

直至多年以后，她终于鼓起勇气，找到当年那家工厂的老板，连本带利，还了那笔钱。

终于，她卸下了十多年的心理重担，日后可以再堂堂正正地做人了。

还有另一个小故事——

一次海难，所有人都以为全体船员均遇难。事实上，大家都不知道有一位海员仍然生还。

意外发生后，船公司按例给予每位遇难船员家属一笔赔偿。

这一位劫后余生的幸存者在回家途中，听说家里已领取了十几万元的赔偿，便立刻打消了回家的想法。因为他知道自己一回去，这笔钱就得还给人家。而这些钱，如果由他去赚，至少需要二十年。

于是，他决定隐姓埋名，过着流亡的生活。

可是，自此之后，他的心始终无法安宁。

他夜夜失眠，想念妻儿，承受着良知的煎熬。

到最后，他终于无法承受良心的谴责，重新回到亲人的怀抱。

团圆重聚的一刻，叫人多么的惊讶和感动！

相比起那十几万元的赔偿，跟家人相处的时间是无价的，千金买不回。

♥

巴金曾说："良心的责备比什么都痛苦。"

人世间最沉重、最持久的债务，莫如心债。

施恩切重报
吾非斯人徒

上帝不救我？

在某个小村落，下了一场非常大的雨，洪水开始淹没全村。一位牧师在教堂里祈祷，眼看洪水已经淹到他跪着的膝盖了。

一个救生员驾舢板来到教堂，跟牧师说："牧师，赶快上来吧！不然洪水会把你淹死的！"

牧师说："不！我深信上帝会来救我的，你先去救别人好了。"

过了不久，洪水已经淹过牧师的胸口了，牧师只好勉强站在讲坛上。

这时，又有一个警察开着快艇过来，跟牧师说："牧师，快上来，不然你真的会被淹死的！"

牧师说："不，我要守住我的教堂，我相信上帝一定会来救我的。你还是先去救别人好了。"

又过了一会，洪水已经把整座教堂淹没了，牧师只好爬上教堂顶部，紧紧抓住教堂顶端的十字架。

一架直升机缓缓地飞过来，飞行员丢下了绳梯之后大叫："牧师，快上来，这是最后的机会了，我们可不愿意见到你被洪水淹死！"

可是牧师还是意志坚定地说："不，我要守住我的教堂！上帝一定会来救我的。你还是先去救别人好了。上帝会与我共在的！"

洪水滚滚而来，固执的牧师终于被淹死了。

牧师上了天堂，见到上帝后很生气地质问："主啊，我终生奉献自己，战战兢兢地侍奉您，为什么您不肯救我？"

上帝说："我怎么不肯救你？第一次，我派了舢舨来救你，你不要，我以为你担心舢舨危险；第二次，我又派一只快艇去，你还是不要；我三次，我以国宾的礼仪待你，派一架直升机来救你，结果你还是不愿意接受。所以，我以为你急着想要回到我的身边来，可以好好陪伴我。"

———— 问心·发心·修心 ————

生命中许多的障碍，往往是由于自己的固执和愚昧无知所造成。

危难中，在别人伸出援手之际，别忘了，唯有我们自己也愿意伸出手来，人家才能帮得上忙！

多虑的代价

中古时代，一位惯于忧虑的骑士即将出远门，他觉得自己一定要事先做好万全的准备。

首先，为了防备在旅途中遇上盗匪，或是其他武士的无礼挑战，骑士当然要先将全套盔甲穿戴妥当，并且配上两把长剑，预防其中一把不幸被对手击落。

接着，他又带上了一批特殊的药膏，以预防沿途的日晒与毒草蚊虫的伤害。

然后，细心的骑士还想到：在野外准备膳食时，一定要有一把锋利的斧头，以便砍劈收集足够的柴火；再加上不可或缺的锅子、勺子、盘子及足够的干粮。

为了防备晚上睡觉时下雨，骑士又特别将帐篷绑在他的马鞍上。

此外，要舒适地睡个好觉，一张柔软的毯子自然也是不可缺少的。

最后，为了避免到不毛之地时他的坐骑会遇上断粮之苦，骑士又捆扎了一大束干草以作坐骑的口粮。

一切准备就绪之后，他终于安心地跨上马背，正式出发。

一路上，锅碗瓢盆相互撞击，发出砰砰当当之声；加上身旁两把长剑摇晃的哐啷声，好不热闹。

别人看来，就像是一座机械厂在搬家的样子。

骑士带着沉重的行李和家当，走到了一座日久失修的木桥上。

可是，刚过了一半，突然木板断裂，骑士连人带马坠入桥下的急流中。

在快要被河水淹没之际，这位多虑的骑士方才猛然想到：他忘了带上一个救生圈！

——————— 问心·发心·修心 ———————

语云：人无远虑，必有近忧。

有点忧患意识，居安思危，是好事。

但过多的忧虑，就会成了阻碍我们前进的包袱。

心的互动

心耕

第二章

儿童不知春
问草何故绿

人活世上，有物质上的需求，也有
精神上的诉求。例如我们会希望得到别
人的认同、赞赏，好让自己有个良好的
感觉。

有时，别人的一句赞美，会令我们
的心飘飘然地上了云端，半天下不来。
而别人一句批评的话，又会令我们耿耿
于怀，十分不安。

或许这一章里的小故事，能让我们
思考一下，如何在"人我之间"建立较
良性的心灵互动，从而让我们生活得更
快乐、更自在。

慈悲无敌人

楚国与梁国是宿敌,彼此在边界部署了驻军,互相监视。

某年,两国之间暂无战事,边防军闲来无事,于是各自在附近的空地上种起西瓜来。

梁国的军士们每天勤于除草浇水,于是瓜苗长得甚好。楚军则播下了种子后就不管,瓜苗因缺水而奄奄一息。

楚军看到梁军的瓜苗苗壮成长,竟然心生妒忌,挑了一个月黑风高的晚上,偷偷越过边界,把梁军的瓜苗扯断。

第二天,梁军发现瓜苗被扯断,十分气愤,于是上报长官,并拟报复,扯烂楚军的瓜苗。

梁军将领笑说:"这样做当然可以泄愤,可是我们明明不耻楚军的所为,为什么还要跟他们一般见识呢?你们不如偷偷地过去帮他们浇水,让他们的瓜苗也长得好一点。"

梁军于是按长官的命令照办。

过了一段时日,楚军发现自己的瓜苗长得一天比一天好,后来才发现原来是梁军晚上过来帮忙浇水,当下感到十分羞愧。

楚王听到了这件事后,非常佩服梁国的气度,决定与梁王交好。

结果，这一对宿敌竟然因此而成了友好邻邦。

对于伤害你的人，最好的响应是——

不要沦为与他一般见识的人。

如果彼此之间不断地互相报复，最后只会导致两败俱伤的局面，对自己亦无好处。

梁、楚两国之间的小故事，也反映了佛教"慈悲无敌人"的精神，最能达至双赢的局面。

黑暗中的小天使

　　一位母亲给我们讲了以下一个小故事——

　　一天夜里，刮起了十分凶猛的台风。

　　由于风势猛烈，整个市区都停了电，陷入一片漆黑之中。

　　而就在这天晚上临睡之前，女儿晴晴赤着小脚举着一支蜡烛，来到母亲的面前，对她说："妈妈，我最喜欢的就是台风。"

　　"晴晴，你为什么喜欢台风？难道你不知道吗，每刮一次大风，就会有很多屋顶被掀起，很多地方被淹水，铁路被冲断，家庭主妇会望着六十元一斤的白菜发愁，而你却说喜欢台风？"母亲很生气，但还是尽力耐着性子问。

　　"因为台风来的时候可能会停电……"

　　"你是说你喜欢停电？"

　　"停电的时候就可以点蜡烛。"

　　"蜡烛有什么特别的？"母亲继续好奇地问。

　　"上一次，当我拿着蜡烛在屋里走来走去的时候，你说过我看起来很像个天使。"

　　听了女儿的解释，母亲终于在惊讶中静穆下来。

　　也许以孩子的年龄，天使是什么也不甚了然；她喜欢的，应该是母亲当天晚上称赞她时那郑重而爱宠的语气。

是的，这便是爱语的力量。

在生活中，人人都需要赞美，需要一种来自别人的肯定，尤其是我们的亲人和同伴。

在日常生活当中，我们很多时候都会碰到这样的事情——

一句不经意的赞赏，会使时光和周围的情境都变得更美好、更值得追忆起来。而且，也会使我们自觉或不自觉地按照话中的方向努力去做，从而创造出人生奇迹。

赞美的力量

一八五二年的秋天，俄国著名作家屠格涅夫在斯帕斯科耶打猎时，无意间在松林中捡到了一本残破、皱巴巴的《现代人》杂志。

他随手翻了几页，竟被其中一篇题为《童年》的小说吸引了。

屠格涅夫发现——

小说的作者是个初出茅庐的无名小辈，但他对作者的才华十分欣赏。

回去后，屠格涅夫就四处打听这位作者的住处和情况。

他后来得知，这位作者两岁丧母，七岁丧父，是由姑母一手抚养的。

为了生活，他离开校门后便去了高加索部队当兵。

屠格涅夫几经周折，终于找到了作者的姑母，表达了他对作者的欣赏和肯定。

姑母随即写信告诉了在军中的侄儿：

"你的第一篇小说引起了很大的回响，连大名鼎鼎、写《猎人笔记》的大作家屠格涅夫都称赞你。他还说：'这位年轻人如果能够继续写下去，他的前途一定无可限量！'"

这位年轻的作者在收到姑母的信件后，欣喜若狂。

他本来只是因为生活苦闷而信笔涂鸦、打发心中的寂寞而写起文章来，并无当作家的念头，但因为当代名作家屠格涅夫的赏识，他心中的火焰一下子就被点燃了。

因为别人的赞美，他找回了自信和人生的价值。

于是，他一发不可收拾地写下去，并最终成为了举世闻名的大作家。

他，就是《战争与和平》、《安娜·卡列尼娜》和《复活》的作者——托尔斯泰。

♥

别人的欣赏，加上自己的奋斗，成就了一个美好的人生。

而你呢？

有没有赞美过别人？

又有没有试过因为别人的赞美而找到自己的价值？

木门的吱吱声

有位老农夫，一生辛勤耕作，但在家里却有个不大不小的烦恼，就是他家那大木门开关时，都会发出刺耳的"吱、吱"声。

那响声既尖锐又难听，常常令他心烦意乱，浑身上下都不舒服。

这响声是什么时候开始的已经无从考证了。

结婚以前，他只要忍受自己一个人开关门时的尖叫声就可以了；然而结婚以后，就开始要忍受别人制造的噪音。

最让他恼火的是——别人开关门的时间和快慢都无法预知，冷不提防又来一阵或长或短、或轻或重的难听怪声，令他神经兮兮的，半天都恢复不了常态。

妻子一个接着一个地生孩子，由门发出的怪声也一年比一年多。

孙辈们出世以后，怪声以几何级数增加，而老农夫的烦恼也同样以几何级数增加。

他的脾气变得愈来愈暴躁，常常为了一些小事大发雷霆，子孙们都不敢跟他接近。

对他来说，那种折磨人的声音已成了他一辈子的烦恼，可是他却从不愿向别人提及这个一直困扰着他多年的状况。

后来，他病倒了，整天躺在床上。

一次，一个在县城里念高中的孙子来探望爷爷，他一进门，老农夫听到"吱、吱"声，又禁不住发恼了。

孙子终于察觉到爷爷备受这种响声的困扰，他想了又想，于是从厨房里拿来一瓶油，在门轴上摩擦的地方倒了几滴。

随后，他把门开关了几次，响声竟然从此消失得无影无踪了！

随着刺耳声音的消失，老农夫的疾病也慢慢好转了。

—— 问心·发心·修心 ——

解除烦恼，就靠在门轴上添几滴油。

生活里，特别是在人与人之间的关系上，贵乎坦诚和体谅。

而且偶尔加点润滑油，人际关系上的噪音也较易消除掉呢！

理发

理发师傅收了个徒弟，徒弟学艺几个月后正式给人家剪发。

他给第一位顾客理完发后，顾客照照镜子，说："头发还是太长了。"

师傅站在一旁，笑着解释："头发长，显得你更含蓄，更有气质，很符合你的身份。"

顾客听罢，欣然而去。

徒弟给第二个顾客理完发，顾客照照镜子说："头发剪得太短了。"

站在一旁的师傅又笑着解释："头发短，显得你朴实、厚道，令人感到亲切。"

顾客听了，满意而去。

徒弟给第三位顾客理完发，顾客一边付款一边笑着说："花的时间挺长的。"

师傅笑说："为首脑服务，多花点时间是应该的。大人物的仪容，绝对马虎不得！"

顾客听罢，含笑而去。

徒弟给第四位顾客理完发后，顾客一边付款一边笑着说：

"动作挺快捷，十分钟就剪完了。"

师傅笑着说："如今，时间就是金钱，我们如何敢耽误你的宝贵时间？"

顾客听了，高兴而去。

晚上理发店打烊后，师傅语重心长地忠告徒弟："万事起头难！我在顾客面前替你说好话，同时也是在鼓励你，希望你日后做得更好。"

问心·发心·修心

说好话，不应只是为了讨好别人，更重要的是可以给人一种鼓励作用。

师傅希望徒弟日后继续刻苦学艺，使理发功夫更加精湛。

与此同时，待客以礼，让每一位顾客都感到满意。

这种发挥正面鼓励作用的好话，我们都要多说呢！

留有余地

在以色列的农庄里，每当犹太人收割成熟的庄稼时，靠近路边的庄稼地的四个角，都会留出一部分不收割。这四个角的庄稼，是特别为有需要的路人而留的，任何人都可以享用。

这是因为犹太人认为——

上帝赐给了他们那个多灾多难的民族今天的幸福生活，他们应该感恩，于是以田地四角的庄稼作为回馈，同时又为路过此地但又没有饭吃的贫民予以方便。

他们又认为——

尽管庄稼是自己种的，但也应该留有余地，留一点给别人享用。对他们来说，分享是一种感恩，也是一种美德。

无独有偶，韩国的农民也有这种习惯。

韩国乡间的公路边，都有很多的柿子园。

金秋季节，这里随时可以见到农民采摘柿子的忙碌身影。

但是采摘结束之后，有些熟透了的柿子也不会被摘下来。

有游人觉得奇怪，留在树上的柿子又大又红的，不摘下来岂不可惜？

当地农民就会解释，说这些柿子是留给喜鹊的食物。

原来，柿子树每年春天开花的时候，经常有一种虫子咬食其叶子，有时还会泛滥成灾。柿子树上的叶子都被吃光了，柿子当然会歉收。

幸好，喜鹊会捕捉树上的这些虫子，这样才能保证柿子当年的丰收。

因此，每年秋收时，当地农民都会留下一些柿子，作为喜鹊的食物，以示感恩。

———— 问心·发心·修心 ————

给别人留有余地，其实也是给自己留下生机和希望。

人与自然是相互依存的关系。

一荣俱荣，一损俱损。

天人互益，才会带来更多的收获。

解梦

有一位国王，梦见自己的牙齿掉光了，他于是召来一位智者为其解梦。

耿直的智者说："陛下，这是个不吉祥的梦！每掉一颗牙齿，就意味着您将失去一个亲人。"

国王大怒："你竟然敢胡说八道，给我滚出去！"

国王又下令找来另一位智者，让其解梦。

这位智者听完后，一脸喜气地说："高贵的陛下，您真有福气！这意味着您会比所有亲人都长寿。"

国王听后大喜，奖赏第二位智者一百枚金币。

年轻的礼宾官不解地问第二位智者："你的解释其实同第一位智者的解释在本质上是一样的。为什么他受到重罚，而您却得到重奖呢？"

智者讲了一个寓言故事：

"有一位年轻貌美的姑娘，满身污垢地去见国王，国王将她赶了出来。后来，姑娘洗得干干净净，如出水芙蓉一般，穿上了漂亮的衣服又去见国王。国王高兴地接见了她，并将她留在身边，十分宠爱信赖她。这位姑娘的名字就叫'真理'。"

智者又说："任何时候，都要坚持讲真话，但人们听了赤裸裸的真理，往往会觉得刺耳，所以说出真相的时候，也要选择适当的方式。"

问心·发心·修心

　　真理就像一块锐利的宝石，如果不慎扔到了听者的脸上，可能会造成伤害。

　　但把真理加上精美的包装，然后再诚心诚意地奉上，听者就会心悦诚服地接受。

狒狒照镜子

　　有位心理学家做了这样的一个实验——

　　他首先把一只性格暴躁、动辄发怒的狒狒，带进了一个装满镜子的房间里。

　　狒狒一进入房间，看见四周许多满怀敌意的狒狒，于是气势汹汹地扑向镜子里的狒狒。

　　它上跃下跳，左冲右撞，疯狂撕咬，狂叫不止。

　　只半天工夫，它就活活累死了。

　　这之后，另一只性格温和的狒狒被带进这个房间做同一个实验。

　　它发觉周边有许多自己的同类，便友善地摇了摇自己的尾巴，并向它们微笑打招呼。

　　这些同类也一边微笑一边摇着尾巴跟它打招呼。

　　它向周围的狒狒们伸出善意的手时，它们也向它伸出善意的手。

　　它向它们眨眨眼睛时，它们也会向它眨眨眼睛。

　　这只狒狒因此感到很开心，老呆在房间里不愿离去。

　　在我们生活的社会，其实就像那个装满镜子的房间一样——你向周边的人微笑，周边的人也会对你微笑；你若恶言相向，周边的人也会对你不客气。

——— 问心·发心·修心 ———

　　人与人之间的感情往往是相向的。

　　待人接物友善的人，朋友也会较多。

　　许多的门会为他而开，令他日后在事业上更成功，生活也会过得更舒畅、更称意。

　　反之，如果我们说话言词刻薄，老是骂人训人的话，周边的人也会对我们满怀敌意。

　　如此这般，只会令自己终日提心吊胆，处处设防，精神紧张，惶惶不可终日，那又何苦呢？

一啄復三顧
慮多物所阘

派对缘分

一个派对上，亚华和一位漂亮的女孩聊得很开心。

他的朋友亚强非常羡慕，但百思不得其解，他想："奇怪了，亚华长得一点也不帅，他到底用什么方法，可以吸引到这样的美女呢？"

亚强远远地注视了他们一段时间，发现那女孩神采飞扬，肯定是舞会中最美丽动人的女伴了。

两小时后，派对完毕，亚华和亚强起身与派对主人道别，一起离开。

回家路上，亚强忍不住问亚华："你整晚和那位美女在一起，她好像完全被你吸引住了。你是怎么办到的？"

"其实很简单，"亚华微笑着回答，"我第一句话问她：'你皮肤颜色晒得真漂亮！是不是刚去了巴厘岛，还是去了夏威夷度假呢？'她兴奋地表示，刚从夏威夷度假回来。于是我就问她：'可以跟我分享一下你去夏威夷度假的美好回忆吗？'

"我想，我找到了她最有兴趣的话题了。她马上回答：'当然可以！'我们于是找了一处安静的角落，接下来的两小时，她一直都在谈她的'夏威夷之旅'。

"她还主动地约了我明天再见面，夸赞我是最有趣的聊天对象。但老实说，今晚我根本没讲上几句话。"

在社交场合或在职场中，最受欢迎的聊天对象，往往是那些耐心地让别人讲下去，而自己在旁耐心地聆听的人。

问心·发心·修心

不妨记着——

当对方才是谈话的主角，我们应尽可能仔细地聆听。

循着话题进入说话者的内心世界，就能够多交个好朋友。

邻居的帮忙

亚杰和敏仪新婚之后，搬进了新居，对未来的新生活十分憧憬。

刚安顿下来不久，门铃响了。

这么晚了还有访客？

亚杰忙起身开门，门外站着两位不认识的、斯文有礼的中年男女，看上去是一对夫妇。

那男子主动介绍他们是楼下地下那层的住户，姓王，特地上来祝贺乔迁之喜。

原来是邻居啊，亚杰于是请他们进来一坐。

王先生连忙摇手："不麻烦了！只是有一件事想请你们帮忙。日后出入时，能不能轻点关楼下的闸门？我老父亲心脏不太好，受不了重响之声。"说完，他的眼里流露出一股浓浓的歉意。

亚杰连忙答应："当然！不过你们为什么还要住在楼下呢？"

王太太解释："老爷子行动不方便，住楼下较容易出入。"

这以后，亚杰发觉大厦里的其他邻居在关楼下的闸门时，都是轻手轻脚的，鲜有像他关闸门时发出巨响。显然所有邻居都是受了王先生所托。

两年后的一个晚上，王先生夫妇又来造访。

一见到亚杰，二话没说，先深深地鞠了个躬。

亚杰问起原由，王先生眼睛红肿，原来昨晚王老爷子已在医院病故了。

临走前他向儿子交代过：非常感恩邻居们这些年来对自己的体谅和照顾，他要儿子向大家衷心致谢。

送走了王先生夫妇后，亚杰和敏仪感到心间有股暖流。

♥

—————— 问心·发心·修心 ——————

生活就是这样——

当你对别人行点小善时，其实也是在为自己储蓄幸福。

人造的墙

国际著名影星成龙在一篇访谈录中，曾记述了一个亲子故事。

他说："为了避免儿子受到伤害，我过去一直保护他，担心他被绑架，不准他去这里，不准他去那里，整天把他关在屋内。

"儿子后来作了一首歌，拿给我看，歌名叫《人造的墙》。

"他说，第一道墙是我，第二道墙是他妈妈，第三道墙是老师，第四道是他身边所有的人。

"歌词说，所有的人都需要自由。他说他要出去闻一下花香，但不知要走多远，不知那墙有多厚。他说他知道当他跌倒时，我们会在他身体下面放个软垫。

"但是，他哭求：'爸爸，让我跌下去吧！'"

这首情词并茂的歌，让成龙读后泪流满面。

他于是对妻子说："我们保护得太过分了，该让他出去闯闯！"

有位内地朋友，于六年前把独子送去外国读书。

为了让孩子自立，她硬了心肠，决定不去陪孩子读书。

在漫长的六年里，她从旁观察，发觉孩子在成长的过程中，经历了三个阶段的变化。

第一阶段，原本在家里"要风得风，要雨得雨"的小皇帝，到外国后事事得亲力亲为，颇为难以适应，碰了不少钉。

第二阶段，他在碰壁无数、多番跌倒的经历里，学乖了，学精了；他懂得了如何改变自己以适应新环境。

第三阶段，经历磨练后，他刻苦求学并获得了优异的成绩和师友同学们的尊重，成长为一个有自信、有能力的年轻人。

───── 问心·发心·修心 ─────

成龙在访问中提及的故事，以及内地朋友经历过的故事，其实也都是天下间许多父母的故事。

就让孩子在父母的世界以外去闯一闯吧！

这才会让孩子真正地成长起来。

好客之道

泰国有家东方饭店，客似云来，生意甚佳，口碑极好。

饭店成功之道，可见诸以下一位客人王先生的亲身经历。

王先生因业务关系，经常去泰国。

第一次下榻东方饭店就感觉不错。第二次再入住时，楼层的服务生恭敬地问："王先生要用餐吗？"

王先生觉得很奇怪，便问："你怎么知道我姓王？"

服务生回答："我们饭店规定，要背熟所有客人的姓名。"

王先生走进餐厅，服务小姐微笑着问："王先生还要上次那个位子吗？"

王先生又是吃了一惊！上次在这里用餐估计已是一年多前的事了，难道这里的服务小姐的记忆力特别好？

服务小姐微笑着解释："我刚刚查看过计算机记录，你在去年的六月八日在靠近第二个窗口的位子用过餐。"

王先生说："好，就坐老位子吧。"

服务小姐接着问："是老菜单吗？清蒸鱼、腐乳通菜，加老火汤？"

这都是王先生爱吃和常吃的菜，于是同意了。

上菜时，餐厅又赠送了另一碟小菜。

王先生问："这是什么？"

服务生后退两步说："这是我们饭店的招牌名菜：虾仁豆腐。"

服务生为什么要先退两步才回话呢？他回答是怕自己说话时一不小心口水会落在客人的菜上。

后来，王先生有一段时间没有再去泰国了。但在他生日前两天却收到了东方饭店寄来的生日贺卡，上面写满了员工的祝福和致意。

王先生跟朋友说：以后再去泰国，一定要住"东方"。

问心·发心·修心

待人处事时怎样令别人信赖自己？

最重要的，就是持一份尊重别人的态度。

从别人的角度出发，了解对方需要什么。

向对手敬杯酒

清代的康熙帝雄才大略，在位执政六十年之际，特地在宫里举行了一场盛大的"千叟宴"以作庆祝，宴请一众功臣和德高望重的元老重臣。

宴会上，康熙帝敬了三杯酒。

第一杯，敬孝庄太皇太后，感谢她辅佐他登上皇位，君临天下。

第二杯，敬众位大臣及天下万民，感谢大臣为江山社稷尽心尽力，也感谢万民勤于农桑，令社会丰足，天下太平。

康熙继而端起第三杯酒，说："这杯酒敬给朕的对手：吴三桂、噶尔丹，还有鳌拜。"

众大臣听得目瞪口呆。

吴三桂曾于康熙十二年带领三藩势力造反，并给大清帝国带来了严重的威胁。

大漠之西的厄鲁特蒙古准噶尔部首领噶尔丹，曾于康熙二十七年挥军南下，直逼清廷。康熙御驾亲征，最终打败了噶尔丹。

鳌拜则是康熙年幼时权倾朝野，不可一世的辅政大臣。康熙好不容易才赢得了与鳌拜的权力斗争，正式亲政。这个故事在金庸的武侠小说《鹿鼎记》中亦有描述，读者或已耳熟能详。

康熙敬毕第三杯酒后，接着说："是他们逼朕建立了丰功伟业。没有他们，就没有今天的朕。因此，朕要感谢他们。"

是的，强劲的对手会为我们带来一定的压力。

可同时，也为我们带来前进的动力。

让我们真正地磨练自己，最终成就一番事业。

给人一个方便

情人节快到了，张先生和女友都打算给对方送点礼物，以表心意。

他们一同去选购，当女友选中礼物要付款时，他从口袋里掏出一堆硬币，打算小心点算过后才交给收银员。

"别管它了！一把付给她，让她自己去点算就是了。"女友在旁说。

"给人方便嘛。"他笑笑说。

走出商场后，张先生耐心地给女友讲了个小故事——

五岁那年，妈妈开始教他写中文字，没多久他就能读和写一些中文字了。

可能当时年纪小，他还没能好好掌握写中文字的技巧。他写的字不是上下脱节就是左右分家，难以合到一块儿去。

一天，妈妈让他抄一首唐诗，他把"相"字写成了"木目"两个字。所有的部首都互不相让，各自为政。

妈妈看了，笑着向他解释："你知道为什么会这样吗？因为你写字时没有想着其它的部分。写中文字的一个原则是——要时常想着它的邻居。就像这个"相"字，你写"木"字时就不能把右脚伸得太长，因为它还有个"目"字作邻居。"

妈妈一边说着，一边在纸上示范给他看，并且讲了这样的一个道理："凡事多替他人着想，是我们中华民族的传统美德，写中文字也一样。"

　　女友听罢，半晌没说话。

　　忽然，她停下了脚步，认真地望着他，柔声地说："谢谢你，这是我所得到的最有意义的情人节礼物。"

—— 问心·发心·修心 ——

　　要是自己遇上困难，能有人帮上一把忙，多好！

　　凡事多替他人着想，适时给别人一个方便，举手之劳何不为？

一个微笑

安东尼是个美国飞行员。

上世纪三十年代，他曾参加过西班牙内战，可是不幸被俘虏入狱。

在狱中，他翻遍口袋，找出一根香烟，但是没有火柴。

看守牢狱的狱卒看起来凶神恶煞，但安东尼仍然鼓起勇气向他借火。

狱卒打量了他一眼，冷漠地把火柴递给了他。

"当他帮我点火时，目光无意中与我的眼睛相遇，这时我下意识地向他微微一笑。

"我也不知道自己为何会这样做。但在那一刹那，这个微笑如鲜花般打破了我们之间的隔膜。

"可能受到了我的笑容所感染，他的嘴角也不自觉地浮现了笑容。

"他点完火后并没有立刻离开，两眼盯着我，但已少了当初的凶气。

"闲话间，他问我：'你有小孩吗？'

"我说：'有，你看。'我手忙脚乱地从口袋里翻出了一张全家福照片。

"他也掏出了一张家庭照片，并且讲了一下家人的一些情况。

　　"此时我的眼中充满泪水，我说我怕再也见不到家人了。我怕我看不到孩子长大了。

　　"他听了以后半晌不语。突然，他打开牢门，悄悄地带我从后山的小路逃离监狱。他示意我尽快离开这个地方，之后便转身走了，不曾留下一句话。"

♡

———— 问心·发心·修心 ————

真诚的微笑——

能春风化雨；

能润人心田；

也消弭了人与人之间的隔膜和敌意。

信任的力量

茅坪镇上的刘四喜年过三十，还未娶上媳妇。他整天好吃懒做，还特爱搓麻将赌博。他所到之处，除了混吃混喝，就是向人借钱。但凡借钱给他，都是"肉包子打狗"——有去无回。

全镇的人没有一个喜欢他的，他的真名叫刘东正，"四喜"是浑名，意思是：他出门了，家里的人喜欢；他回家了，外面的人喜欢；他活着，鬼喜欢；他死了，人喜欢。

近年来，刘四喜的日子愈来愈不好混了。白吃白喝多了，谁不讨厌？借钱嘛，亲友们被他骗过一次两次，第三次就怎么也不借了。

走投无路的刘四喜，突然想起山那边刘家庄还有一个远房的姑妈，他从来没有打扰过她，或许侥幸可以向她借到一点钱。

刘四喜于是走了三十多里的山路，好不容易到刘家庄找到这位多年不见的姑妈，开门见山向姑妈借一千元钱，说是做生意要凑点本钱，保证最迟一年还本付息。

姑妈没有拒绝。

当刘四喜接过钱转身要走的时候，他的主意已经打定——先上酒店喝半斤，再到麻将馆潇洒一回，今天运气一定好。

"东正！"姑妈喊住他，"到姑妈家连饭都不吃就走啦？"

刘四喜简直不相信自己的耳朵，居然还有人喊他"东正"这个大名！

姑妈诚恳地说："东正啊，你来之前，镇上就有人打电话来，叫我千万不要借钱给你，说你是有借无还的。可是我相信你不是那样的人，他们一定是错怪你了。"

心头一震！

打从初中毕业之后，十多年来第一次听到一句信任他的话，他仿佛一下子恢复了做人的尊严和勇气。

刘东正告别了姑妈，带上那一千元钱直奔深圳。

半年后，他寄回了借姑妈的钱。五年后他带着媳妇，开着自己的车回到家乡，还清了以前所借的每一分钱。

是姑妈的一句信任的说话，让浪子从此回头，翻开了他人生新的一页。

信任给人无穷力量！

而我们也不要让任何信任自己的人失望才好。

感激三个人

　　一位朋友向我讲述了她小女儿的故事——

　　她的女儿每天晚上临睡前都要回忆自己一天所经历的事情，并要在心中默默"感激"三个人。

　　当然，这个任务是我那位朋友安排给她的，因为她想让女儿从小学会看到人生美好的一切，并真心地感恩，因为一个常常感恩的人才会惜福，才会快乐，心灵才会高尚美好。

　　一天晚上，她的女儿练完琴后很久也没有上床，呆呆地坐在那里，不知在想着什么。

　　她问女儿怎么了。

　　女儿为难地告诉她：今天，她谢过了为自己剪指甲的老奶奶，为她上钢琴课的老师。

　　可是，还少一个人需要感谢。想来想去也想不出需要感谢谁人了。

　　朋友看着女儿苦思冥想的可爱状，建议说："只要是让你快乐的事，都值得去感激。"

　　女儿想着想着，一会儿脸上就出现了开心的笑容。

　　她说："妈妈种在露台上的茉莉花开花了！"这件事令她开心极了。茉莉花那么香，那么美，她要谢谢花开了。

朋友为女儿的话感到非常开心，她说想不到女儿如此有心，而且诗意盎然。

六岁的小女孩已开始会感谢花开；等到秋天，她就会感恩硕果丰收；到了冬天，她一定会感恩温暖的阳光。

学会感恩，就等如学会用放大镜去看别人的优点。

感恩是温暖的阳光，照到哪里哪里亮。

感恩也是感情的黏合剂。只有学会感恩，我们的社会才能更和谐。

只有学会感恩，人与人之间的关系，才能向和睦、合作的方向发展。

境由心生

心耕

第三章

人的心念，可以瞬息万变。

我们有时感到很快乐，恍如到了美丽的天堂一般；有时又会感到很苦恼，恍如置身在地狱之中。

天堂与地狱，就在一念之间。一念善是天堂，一念恶是地狱。

语云："境由心生"；又云："心如工画师"，能给我们描绘出林林总总、千差万别的人间万象。

而人生路上的许多成败得失，亦往往源于我们的起心动念、我们的心境和意念。

意料之外

有一天，王先生约了两位多时不见的好友一起到一家餐厅吃饭。

王先生开车，三个人在车里谈得兴高采烈。不料，来到了一个设置了交通灯的十字路口时，王先生因为说话分心而闯了红灯。

说时迟那时快，一辆大货车像一团恐怖的黑影猛地向他的车拦腰撞来。

在这千钧一发之际，他将方向盘大力扭向一边。

只听到"哐唧"一声，他车子旁边的后视镜被货车整个撞落了，车身也因摩擦而出现了大片的刮痕。

这时，车子里面，王先生和两个朋友皆因受惊过度而面色惨白。

他定神一看，朋友的五官和四肢仍在原位，而且完好无缺。

好一会儿，他那颗狂跳着、虚悬着的心才勉强安定下来。

车子没了后视镜，必须立刻送进车房修理。

当然餐厅也去不成了。

久别重逢的喜悦一下子烟消云散，大家都显得意兴阑珊。

王先生心中自怨自艾，刚才如果不走这条路，就不会遇上这倒霉的事了。还有，如果选了另一家餐馆，不就可以避免这场意外了吗？

自责、懊悔、怨愤的情绪一下子都出来了。

心情好像一张揉皱了的纸，闷闷郁郁的。

又过了好一会儿，王先生冷静下来了，尝试换个角度来看眼前的境况——

幸好大家都没有受伤，车子亦没有大坏，不是走运了吗？

这样一想，感觉又好多了。

三人随后又高高兴兴地搭出租车去吃泰国菜了。

问心·发心·修心

任何事情都可以换个角度去看。

这样一来，你会发觉人生总有美好的一面。

心态决定命运

一位法国人，四十二岁仍一事无成。

他经历了离婚、破产、失业……他已不知道自己的生存价值了。

一天，有个吉普赛人在巴黎街头算命，他随意一试。

吉普赛人看过他的手相之后，说："您是一个伟人，很了不起！"

"什么？"他大吃一惊，"我是个伟人？你不是在开玩笑吧？"

"您的确很伟大。"吉普赛人一本正经地说："您知道吗，您是拿破仑转世！您身上流的血、您的勇气和智慧，都是拿破仑的！您的面貌也很像拿破仑！"

"不会吧……"他迟疑地说，"我离婚了……我破产了……我失业了……我几乎无家可归……"

"那是您的过去。"吉普赛人说："您的未来可不得了！五年后，您将是法国最成功的人！因为您就是拿破仑的化身！"

他表面装作极不相信地离开，但心里却有了一种从未有过的奇妙感觉。

他对拿破仑产生了兴趣。

回家后，就设法找与拿破仑有关的书籍来看。

渐渐地，他发觉自己改变了，周围的环境也开始改变了。

朋友、家人、同事、老板……都开始用另一种眼光、另一种表情看待他；事情也开始顺利起来了。

十二年以后，他成了亿万富翁，成功的企业家。

问心·发心·修心

心态决定成败。

积极的心态是一种巨大的能量，令我们迈向成功。

悉尼歌剧院的诞生

说起澳洲的悉尼，人们便会很自然地想起该市的地标——建在海湾畔的悉尼歌剧院。

悉尼歌剧院的建筑设计师，是丹麦人耶尔恩·乌特松，当年他还不到四十岁。

耶尔恩决定参与新歌剧院的设计比赛后，搜集了不少资料，废寝忘食地去构思他的设计方案，但总是没有找到一个能够令他满意的设计。

一天，妻子见他又沉浸在思索中，连茶饭也不思，怕他饿坏了，就随手递给他一个橙子。

他茫茫然地接过橙子，一边继续思考他的方案，一边机械式地用果刀在橙子上划来划去。

无意中，橙皮被切开了。

当他回过神来，看着那一瓣一瓣的橙子时，就在这一念之间，灵感一道闪电似的划过他的脑海。

"啊，有了！"

他当下迅速绘出建筑草图，交给了业主单位。

随后，他的方案被选中了。

于是，二十世纪澳洲最有代表性的建筑物——悉尼歌剧院诞生了。

如今，三面临海的悉尼歌剧院，像扬帆出海的船队，又像一只只巨大的白色贝壳矗立在海滩上，予人无限的想象空间。

悉尼歌剧院与港湾及大海浑然一体，从日出到日落不断地变幻着自己的色彩，让游人由衷赞叹。

———————— 问心·发心·修心 ————————

艺术源于生活。

我们生活的周边，不乏可以让我们停下来欣赏的艺术之美。

生活也给艺术创作予无限的灵感。

建筑艺术亦如是。

机会只有三秒钟

　　她是台湾一所名牌大学的毕业生，离校后却一直找不到工作。

　　她好不容易才找了份戏剧编剧助理的工作，却发现整个公司除了老板外，只有她一个员工。

　　她累死累活地干了三个月，却只拿到一个月的工资。

　　于是，她炒了老板鱿鱼，开始做散工，帮人写短剧，写电影剧本，只要按时收到钱就好。

　　前路茫茫，她只好希望奇迹出现，让她走出这个困境。

　　一次机缘巧合，她应聘到电视台当一个节目的编剧。

　　半年后，在一次制作节目时，制作人不知为什么突然大发雷霆，说了句："不录了！"就走了。

　　几十个工作人员全愣在那儿不知怎么办，主持人看了看四周，对她说："下面的部分就由我们自己录吧！"

　　机会只有三秒钟。

　　三秒钟后，她拿起了制作人丢下的耳机和麦克风。

　　那一刻，她清楚地对自己说："这一次如果成功了，就证明你不仅是个只会写小剧本的小编剧，还可以是个掌控全局的制作人，所以不能出丑！"

慢慢地，她开始做执行制作人。当时，像她那个年纪的女生能做制作人的，相当罕见。

几年后，这位小女生成了三度获得金钟奖的王牌制作人，接着一手制作了红极一时的电视剧《流星花园》，被称为台湾偶像剧之母。

回首往事，柴智屏爽直地说——机会只有三秒钟。

就是在别人丢下耳机和麦克风的时候，你要当机立断，马上捡起它。

问心·发心·修心

机会出现的时间再短暂也好，就看你有没有把握抓紧。
而在那个机会到来之前，你自己必须先要准备好。
因为机会只留给有准备的人。

生命试题

　　某大企业在招聘员工时出了以下一道测试题：

　　假设你在一个暴风雨的夜晚，开车经过一个巴士站，那里有三个人正在焦急地等车：一个是生了重病的贫苦老人，十分可怜；一个是医生，他以前还曾救过你的命，你一直都想报答他；还有一个是你的梦中情人，你一直都想找机会去接近这位梦中情人，更祈望与这位梦中情人终成眷属。

　　今天晚上天气恶劣，看来巴士也停开了，而你的车只能多坐一个人，你会如何选择？

　　老人病危，按理你应先救他。也许你会让那位医生上车，因为他救过你，这该是报答他的好机会。可是你又放不下那位令你朝思暮想、神魂颠倒的梦中情人，不想错过这个难得的好机会。

　　这个抉择太让人为难了，简直令人有无所适从的感觉。

　　尽管如此，有人还是想出了这样的一个答案："我会把我的车钥匙交给医生，让他开车把生病的老人送到医院去；而我则留下来陪伴我的梦中情人，享受一段美好的时光。"

　　许多看过这个答案的人，都同意这是个最近乎完美的选择了。

但是，许多参加测试的人当时都没能想到这个答案，或许是因为他们心中从未想过要放弃自己手中的东西——车钥匙。

♡

——— 问心·发心·修心 ———

　　日常习惯往往会令我们形成一种惯性思维。

　　要走出这个习惯的框框，我们才能进入一个更广阔的天地。

穿花蛱蝶深深见
点水蜻蜓款款飞
杜甫诗句

他山之石

一百多年前，医学界已经懂得进行外科手术，但是手术后的死亡率却非常高。

十个病人中，有一半以上会在手术后因感染而辞世。

手术无疑是成功的，但伤口却很容易发红发肿、化脓溃烂，最后导致病人不治。

医生们当时不大了解感染的原因，也不知道该如何去防止感染。

英国当时有位名叫李斯特的外科医生，他眼见许多病人因感染而不治，感到十分痛心，于是积极去寻求治疗感染的方法。

有一次，他看到一本法国出版的生物学学报，里面有一篇法国生物学家巴斯德的论文。

文中提到，巴斯德通过大量的实验结果证明——

空气中有许多微生物，当这些微生物进入包括人类在内的其它生物体时，能引发有机物的腐败和发酵。

这篇论文表面上看来和李斯特所从事的外科手术并无直接关系，但李斯特却从中得到启发。

他想：病人伤口的感染化脓，不也是一种有机物的腐败现象吗？

巴斯德的论文提到微生物的世界影响着人类的生活，李斯特相信，这也会影响外科手术的成功与否。

从此之后，李斯特在手术前勤于洗手，将手术器械沸煮，并用沸煮过的纱布包扎病人的伤口，以防止受到空气中的微生物感染，后来又研发出一种能杀菌消毒的药水。

采取了这些消毒措施后，病人手术后的死亡率大大降低了。

问心 · 发心 · 修心

他山之石，可以攻玉。

跨学科的科学探索和研究，往往是科技突破的关键。

在日常生活之中，看事物不要囿于一个角度，我们就可以看得更远，视野更广。

错误是一位老师

古埃及的法老胡夫有一次举行盛大的国宴，厨师们忙个不亦乐乎。

可是有位小厨工在忙乱中不慎将刚煮好的一盘羊油打翻在灶边的炭灰上，吓得他急忙用手把混有羊油的炭灰一把一把地捧起来扔到外边的垃圾堆去。

扔完后赶紧洗手，手上竟出现滑溜溜、黏糊糊的泡沫，洗完之后觉得两手特别干净。

小厨工啧啧称奇，便把扔掉的羊油炭灰捡回去供大家洗手之用，结果每位厨师的手都洗得干干净净的。

法老知道后很高兴，于是把这个洗手的方法在全国推广开来，并传到了希腊及罗马等地。

在这个发现的基础上，人们研制出日后流行全球的肥皂。

错误其实也是一位老师。

面对错误，我们不必怨天尤人。

最重要的是，从错误中汲取教训，最后转化错误为成功。

失业之后

　　这一天，一位中年男士像往日一样上班。

　　他是个工作认真的人，在二十几年的工作生涯里，勤勤恳恳、兢兢业业，没有偷过懒，没有旷过工，好不容易才熬到今天部门经理的岗位上，其中经历了不少的困难和辛酸。

　　现在，他只要在这公司再工作几年，就可以安安稳稳地拿到退休金了。

　　可是，他做梦也没有想到，今天将是他在这公司工作的最后一天了。

　　"对不起，你被解雇了！"

　　"为什么？我犯了什么错？"他十分惊讶，疑惑地问。

　　"不，你没有过错，公司不景气，董事局下令裁员，仅此而已。"

　　仅此而已？可他在一夜之间，却从一名资深、受人尊敬的公司经理，变成一名在街上流浪的失业者。

　　这突然而来的巨大打击，令他心中痛楚万分。

　　在离开公司的路上，他遇到了一位老朋友。

　　这位朋友和他一样，同是大公司的经理，现在也同样地被解雇了。

两个人互相安慰和支持，一起寻求解决的方法。

"为什么我们不去创办自己的公司呢？"

这个念头像火舌一样，一下子点燃起他俩心中的激情和梦想。

于是，两个人就开始策划自己的家居仓储公司，为顾客提供价格最低及服务最好的选择。

这家公司如今已发展成有十六万员工、七百多家分店、年销售额达三百亿美元的大企业了。

而这个奇迹始于二十年前的一句话："你被解雇了！"

问心·发心·修心

人生路上一次严重的挫败，不一定就是人生的终结。

上天给你关上了一扇门，亦会同时在其它地方为你设置另外一扇门，但需要你有足够的勇气去推开它。

临终忏悔

在法国里昂，一位七十多岁的布店老板病得快要不行了。

临终前，牧师来到他身边。

布店老板告诉牧师，他年轻时很喜欢音乐，曾经和著名的音乐家卡拉扬一起学吹小号。他当时的成绩还远在卡拉扬之上，老师也非常看好他的前程。

可惜，二十岁时他迷上了赛马，结果把音乐荒废了，否则他一定是一位出色的音乐家。

现在生命快要结束了，反思一生碌碌无为，他感到非常遗憾。他告诉牧师，到另一个世界后，如果能再作选择，他绝不会再干这种傻事了。

牧师很体谅他的心情，尽心地安抚他，并告诉他，这次忏悔对牧师本人也很有启发。

这位牧师是谁？

他是法国著名的临终关怀牧师纳德·兰塞姆。

无论在穷人心目中，还是在富人圈子里，他都享有很高的威望。在其九十高龄的一生中，曾有一万多次亲自到临终者面前，聆听他们的忏悔。

在他的人生后期，他曾想过把他的六十多本日记编成书籍出版，内容全是这些人的临终忏悔，但因发生法国里昂大地震而毁于一旦。

他去世后，被安葬在圣保罗大教堂，墓碑上工整地刻着他的手迹：

"假如时光可以倒流，世界上将有一半的人可以成为伟人。"

问心·发心·修心

如果人们能将临终反思提前五十年、四十年或三十年的话，那么世界上便会有一半的人可以更好地利用自己的时间，不致浪费自己的生命。

这样一来，他们的贡献就会更大，甚至可能成为伟人。

您呢？

请及早思考人生，让自己在尚余的人生路上，活得更有意义。

行成于思

东汉末年，七岁的华佗到一位姓蔡的名医那里去拜师。

行过礼后，华佗规规矩矩地站在一旁，静听老师的教诲和吩咐。

蔡医师医术高明，前来拜师的人很多。他一般都会先考考新来的学生。

他把华佗召到跟前，指指门口的一棵桑树，说："你看那棵桑树长得挺高的，如何才能采下树顶上的桑叶呢？"

华佗答："用梯子吗？"

"我家没有梯子。"

"那我就爬上去采吧。"

"不，你能想出别的方法吗？"

华佗于是找了根绳子，把一块小石头系在绳子的末端，然后用力往桑树最高的树枝上抛。

绳子缠住了那树枝。华佗再用力拉绳子，把树枝也一起拉了下来，一手就把桑叶都采下来了。

蔡医师高兴地点点头，说："很好，很好！"

过了一会儿，院子里有两只山羊打起架来。人们想把它们拉开，可是怎样也拉不开。

华佗见状，走到附近的草地上，拔了一大束鲜嫩嫩、绿油油的草。

他把草送到两只山羊的跟前。这时，山羊打架也打得有点累了，肚子也饿了，见了草就顾不得打架了。

蔡老师当下很高兴地收了华佗这个学生，并且悉心教导。华佗日后也成了名垂青史的大国手。

问心·发心·修心

凡事多用心，自能妥善解决生活中遇上的各种问题。这正是"行成于思"的意思。

杯中石

　　有一回，教通识的老师拿来了一个瓶子，及一大盒雨花石。

　　当老师把石块全部放进瓶子后，他问同学们："你们看看，这瓶子是不是已满了？"

　　"是！"同学们异口同声地回答。

　　"真的吗？"老师又取来了一袋碎石子，把它们从瓶口倒下去，摇了一摇，又再加添一些，然后再问："这瓶子现在是不是满了呢？"

　　这次同学们有点犹豫了，有一位怯生生地回答："也许未满。"

　　"很好！"老师说完，又取来一袋沙子，慢慢地倒进瓶子里。

　　他接着又问："现在请你们告诉我，瓶子是满了呢？还是未满？"

　　"未满！"同学们这下学聪明了。

　　"好极了！"老师接着又取来了一大杯水，把它倒进了看起来已被雨花石、小碎石、沙子填满了的瓶子里去。

　　倒完后，老师问："大家从这件小事中得到什么生活启示呢？"

一阵沉默过后，有位同学回答："无论我们的生活多忙，行程排得多满，如果再挤一下的话，还可以多做些事的。"

老师点了点头，微笑着说："很好。"然后续说："不过我最想和大家分享的是—— 如果你不先将你的雨花石放进瓶子里，也许你往后就无法再把碎石子、沙子放进去了。"

问心·发心·修心

生活里要做的事很多。

如果我们不懂得做出分配，把精力都放在一些琐碎的小事上，我们就可能会忽略了更重要的人生追求。

路上风光

从前，山中有个寺院，里面有个负责众人膳食的老师傅和小徒儿。

一天，师傅叫小徒儿挑着一担豆子，到山下村庄去磨豆子，然后把豆浆挑回来，因为寺院里没有石磨。

小徒儿磨完豆子，小心翼翼、战战兢兢地挑着盛满豆浆的两个木桶回到寺院去。

不幸的是，就在快返抵寺院时，前面走来了一个冒冒失失的路人，把前面那只木桶的豆浆撞洒了一大半，令小徒儿十分沮丧，心里在自责为什么看不见又避不了这个冒失的路人呢？

老师傅得悉此事，安慰小徒儿说："不打紧。明天你再去磨豆子，把豆浆挑回来。你沿途要好好观察一下周边的风光，回来好给我说说。"

第二天，小徒儿只好遵嘱又去磨豆子。

在挑着豆浆回寺院的路上，他按照老师傅的吩咐，去看周边的风光。

他发现，其实路上的风光很美，远方有雄伟的山峰，又有农夫在梯田里耕作。

走了不久，又看到一群小孩在放风筝，玩得很开心。

不远处还有两位长者在下棋，自得其乐。

这样子一边走一边看风景，不知不觉就回到寺院了，发觉两只木桶内都装满了豆浆，一点都不曾溢出。

♡

問心 · 发心 · 修心

人生的每一段经历，其实都是一个过程。

能摆脱压力和忧虑，就能以平和的心态去享受每一段人生过程。

这样你会发现—— 人生路上处处皆有美景。

邮差

在中国南方的一个小村庄，有位邮差。

他从刚满二十岁起，便每天往返五十公里长的一段路，日复一日地，将信件送到当地的居民家中。

就这样，二十年一晃而过。物换星移，惟独从邮局到村庄的这段道路，始终没有多大改变，还是一条荒荒凉凉、尘土飞扬的小路。

这样荒凉的路还要走多久呢?

一想到必须在这条单调乏味的路上，踩着单车度过他的人生时，邮差的心中总是有点遗憾。

有一天，当他送完信，心事重重地准备回家时，刚巧经过一家花店。

他看到店里摆放了许多花卉的种子，灵机一动，于是买了一些粗生粗长的野花种子。

第二天起，他开始把这些种子撒在往来的路上。

就这样，经过一天、两天、一个月、两个月……他始终坚持不懈地撒播着这些野花的种子。

没多久，那条已经来回走了二十年的荒凉道路，路旁竟开起了许多红、黄、蓝等各种颜色的小花……四季盛开，永不休歇。

村庄里的人们，看到这些多彩多姿的花儿，也十分开心。

而我们的邮差，也再不是昔日那位孤独无奈的邮差了。

如今，他每天都吹着口哨，在繁花似锦的道路上踩着单车，高高兴兴地给大家送信去。

问心·发心·修心

人生路上，有时免不了会有孤独、愁苦、无奈。

可也同样存在着快乐、美丽、精彩。

如果我们像种花的邮差那样，在生活的沿路上撒下爱的种子，就不单会让自己收获幸福，还会为别人带来一份永恒的美丽。

人生的缺憾美

多年前，在天津曾见过这样的一位三轮车师傅，他五十多岁，看得出年轻时相貌堂堂。

我问他为什么愿干这样的活儿，他笑着从车上跳下，并夸张地走了几步给我看。

哦，原来他是跛足，左腿长，右腿短，天生这样子。

我看着有点不忍，可他却很坦然，笑着说："为了能少走些路，于是踩三轮车，这便是最好的伪装，也算是'英雄有用武之地'吧。"

在路上，他还转过头来"告慰"我："我太太很漂亮，儿子也很帅呢！"

坐他的车，如沐春风。

他说，自己没有什么文化，但有好体力，踩三轮车，很环保，也可养家糊口，一天可挣上百元，他有"人生三愿"——

吃得下饭，睡得着觉，笑得出来！

就是因为他这"三愿"，我度过了一个十分愉快的车程。

这以后，凡有机会，我都找他载我一程。

也曾遇见过一位女士，她很喜欢自助旅行，在旅途中拍下许多照片，并结集成旅游丛书出版，渐有名气。

有记者采访她，问她有否担心单身出门旅游时的安全。

她很认真地回答："因为我长得丑，所以很有安全感，如果换成章子怡或张柏芝等美女一个人自助旅行，那就很危险了，我得感谢我的丑！"

问心·发心·修心

星云大师有句名言："残缺也是美。"

他的意思是——

世间少有十全十美的事。

残缺是生命的本质，世界的实相。

倘若我们能面对残缺，接受残缺，进而运用残缺，就能化残缺为神奇。

富贵无边

一位张姓商人，他的好朋友生日快到了，于是想买件寓意深刻的礼物表示祝贺。

他来到一家画店，看见有一位看店的老人，便问："老板在吗？"

"我就是画家兼店主。请问有什么事？"老人回答。

"我有一位好朋友就要过生日了，就请你给他画一幅牡丹吧。牡丹代表大富大贵，好意头。"商人说。

老人点了点头，当即画了一幅牡丹。

商人交了钱之后，将画带了回去。

朋友生日聚会那天，商人当场将老人画的牡丹展示出来，在场的人看了无不称叹，商人觉得非常有面子。

这时，忽然有人惊讶地说："嘿！你们看，这幅牡丹画最上面那朵竟然没有画完，这岂不是'富贵不全'吗？"

所有人一听，都觉得确如此人所言，顿感非常遗憾。

最难过的，还是这位商人，他后悔自己当初没有细看就收货，一番好意反而变成了尴尬。

这时，主人却对着商人深深作揖，众人都觉得莫名其妙，不知主人是何意思。

只听主人说："各位朋友都看到了，最上面这朵牡丹花的确没有画完边缘，这岂不正好代表'富贵无边'吗？作画人是祝贺我'富贵无边'呢！"

　　众人一听，立即鼓掌喝彩，觉得主人的解释不无道理。商人的尴尬也立即化为乌有。

——————　问心·发心·修心　——————

　　同样的一幅画，不同的人或不同的心境看会有不同的体会，衍生出不同的解释。

　　以上就如佛经所说的："心如画师，能画种种色。"

是羊还是狗?

一位农家少年来到集市上，买了一只黑山羊，牵着羊准备回家去。

一伙骗子看见了，认为有机可乘。

其中一个骗子走上前向少年说：“你买这条狗干什么？”

“别开玩笑，这是一只山羊。”

他牵着羊没走几步，迎面又来了另一位骗子。

“你这条狗样子好凶，好难看。你多少钱买的？”

“胡说！这是头山羊！”他冒火了。

不过，他心头开始有点摸不准了。会不会是自己眼花，错买了一条狗呢？

他低头看看这只长着黑胡子的黑山羊。不禁狐疑起来。狗？这明明是一只山羊嘛！

不过……又走了几步，他听见后面有人喊叫：“喂！小心别让这条狗咬着！”

“天啊！我真糊涂！”少年终于叫了起来。

“我怎会把它当成山羊买回来呢？”他终于相信了这伙骗子的话，担心这条“狗”会咬自己，而把它丢弃在集市上走了。

接着，那伙骗子当然随即顺手牵羊，晚上吃了顿丰盛的全羊宴。

这是一个心随境转的例子。

人的心，经常跟着外境的变化而转，特别是爱跟着别人的说话来转。别人的话，对这位农家少年的影响十分明显。

—— 问心·发心·修心 ——

别人的一句赞美之词，足以令自己陶醉半天。

别人的一句批评说话，又能令自己困扰大半天。

假如我们太在乎别人的话，那就可能会变成为别人的话而活，而不是为自己而活了。

境随心转

心耕

第四章

郎骑竹马来　丰恺画

人的心很奇妙，不但能够让"境由心生"，还能够令"境随心转"。

这和中国人的一句古话"天下无难事，只怕有心人"意义相通；也和贝多芬的名言"心是一切伟大的起点"有异曲同工之妙。

都是说：只要我们有心，就可以通过自己的不懈努力，去改变周边的环境，实现我们心中的理想或愿景。

车房里的漫画家

有这样的一位年轻美国漫画家——

他初出道时，在中西部的堪萨斯城求职，碰了不少钉子。他的画作多番被人批评为缺乏创意，不具吸引力，生活因此也过得极为潦倒。

后来，费尽周折，他总算找到了一份工作—— 给教堂作画。

可是，报酬低得可怜。

他没有能力租用画室，只好借用父亲的车房作画室。

这家车房里充满了汽油味，而且经常有老鼠出没。

有一天，当他如常在车房工作时，忽然看见一只老鼠在地上跳跃。

他不怕老鼠，而且望着小老鼠乖巧可爱的样子，赶紧找来了一些面包屑给它吃。

渐渐地，他和小老鼠竟混得熟了，成了好朋友！

有时，它会爬上他工作的画板，有节奏地跳跃，他喜欢逗着小老鼠玩，细赏它那活泼可爱的动作。

不久，他获得了一个很难得的工作机会—— 到好莱坞去帮忙摄制一部以动物为主角的卡通片。

这样一来，他有机会塑造一些小动物的卡通形象，他想起了那只曾经和他在车房里共处的小老鼠。

灵机一动，他找来画纸，用心地把这只老鼠的可爱形象画了出来。

出人意料的是，卡通世界有史以来最伟大的动物形象——"米奇老鼠"，就在这一念之间诞生了，并且广受欢迎。

这位年轻漫画家，也因此名噪全球。

他就是著名的卡通漫画艺术大师沃尔特·迪斯尼。

问心·发心·修心

无论环境有多恶劣，我们还是可以从中发掘乐趣。

迪斯尼就是这样的一个人物，他见微知著，用心观察，最后成功地塑造了一系列可爱的动物形象，为人们带来了极大的欢乐，也为自己带来了辉煌的事业成就。

三个人的梦想

内地某乡镇上有三户人家。随着经济的发展，当地办起了一些乡镇企业和工厂。这三户人家的男人因此都被招工进了一家工厂。

在工厂里干活颇为辛苦，工资并不高，于是下班后三个人都找了一些别的事做，多挣一点工钱，又或者投入兴趣来减压。

一位到镇上去蹬三轮车；一位在路旁摆了个小食档；另一位则喜欢在家里看书，闲时写点文章。

蹬三轮车的人钱赚得最多，比工厂发的工资还高。

开小食档的也不错，能帮补家里的日常开支。

看书的那位虽然没有额外收入，但生活看来也过得颇为称意和自在。

有一天，三个人谈起了自己的愿望。

蹬三轮车的人说："我以后天天有车蹬就很满足了。"

开小食档的人说："我希望有一天能在城里开一家饭馆。"

喜欢读书和写文章的那位则希望有一天，他能靠自己写的文字糊口。

十年过去了，蹬三轮车那位还是在工厂下班后去蹬他的三轮车，生活惬意又愉快。

开小食档的那位，他真的在城里开了一家饭馆，当起了老板。

读书写文章的那位发表了他的一些作品，被城里的一家出版社看中，把他聘为文学杂志的编辑。

用十年时间去用心坚持自己的信念，今天三个人都如愿以偿了。

问心·发心·修心

哲人伏尔泰曾说："世界上，什么东西是最长又是最短的，最快而又是最慢的，最能分割而又是最广阔的，最不受重视而又是最令人惋惜的？没有它，什么事情都做不成？"

答案是时间。

我们要好好珍惜和善用时间，因为没有时间我们纵有梦想也不可能达成。

毛毛虫过河

在某个联欢会上，节目之一是要大家动动脑筋解决一个难题——

大河彼岸繁花似锦，绿草如茵，恍如天堂般美。有一条毛毛虫因此很想去彼岸生活，可是中间有一条大河阻隔。桥又在很遥远的地方，那么毛毛虫要怎样才能过河到达彼岸呢？

大家听了都很纳闷，毛毛虫要怎样才能渡河呢？

有人建议它还是要长途跋涉，走到老远的桥上爬过去。

有位小朋友说："游过去！"（天啊！可它是毛毛虫呢！不是鱼。）

有人说："搭船过去！"

其它的答案还包括："在落叶上飘过去！"、"出钱请人带过去！"、"等河水干涸后爬过去！"，洋洋大观，不一而足。

最后，节目主持人开盅了。

原来最佳答案是——变成蝴蝶飞过去。

大家一下子恍然大悟，赞叹不已。

問心·發心·修心

人生路上，多少总会遇到需要跋涉的高山和大河。

面对山川的阻隔，有人可能畏难而却步。

也有人使出聪明才智，试图乘搭别人的顺风车或顺风船走过去。

我们这条可爱的毛毛虫，却没有异想天开，不依附别人，不投机取巧。

它把自己的梦想织成羽毛，让自己长出一对有力的翅膀，高高地翱翔在天空中，翩翩地飞过大河，到达幸福的彼岸。

从毛毛虫到蝴蝶，是一个不断进步、不断自我完善的成长过程，值得我们借鉴和学习。

北极星

比塞尔是非洲撒哈拉沙漠绿洲上的一个小村落，在探险家莱文先生来到这里之前，村里没有任何人走出过沙漠。

他们不是不愿离开这块贫瘠的土地，而是尝试走了很多方向，最终还是绕回到了比塞尔。

比塞尔人为什么走不出去呢？

莱文非常好奇，决定做个实验。他收起了指南针，雇用了当地一位青年人做向导。

他们带着半个月的水及干粮，骑上两匹骆驼出发去。

两人一直骑一直走，直到第十一天的清晨，果然又走回比塞尔了。

莱文根据沿途的观察，终于明白比塞尔人之所以走不出沙漠的原因——因为他们根本不认识北极星！

在一望无际的沙漠里，一个人如果只凭着感觉往前走，他会走出许多大小不一的圆圈，如同原地打转。

比塞尔位于浩瀚的沙漠中央，方圆千里没有任何指标，假如不认识北极星，又没有指南针，要想走出沙漠，确实不可能。

后来，莱文在离开比塞尔之前，指着北极星，把诀窍告诉了他雇用过的比塞尔青年："只要你白天休息，晚上朝着北面那颗星走，就一定能够走出沙漠。"

青年人照着他的话做，果然在三天之后就走出了沙漠。

那位青年人最后成为比塞尔的英雄，他的铜像被比塞尔人竖立在村落中央。

铜像的底座上刻着一行字："新生活，从选定方向开始。"

问心·发心·修心

人生的理想和目标，就如旅途上的北极星。

有了目标，就有了前进的方向，有了人生的意义。

凡事悉力以赴

某年夏天，年轻的鲍威尔在一家汽水厂当杂工。他任劳任怨、积极认真地去做好自己的工作。

一次，有位工友在搬运汽水时不慎打碎了一箱共五十瓶的汽水，弄得仓库一地玻璃碎片和团团泡沫。

照常理，这该由打碎汽水瓶的工友去清理。可老板为了不耽误运货工作，却吩咐了鲍威尔去做。

当时他确实有点不解，但回头一想，自己是厂里的清洁工人，这也是份内的工作。

于是，他努力把狼藉一地的玻璃碎片清扫得干干净净。

过了两天，工厂负责人通知他：他被提升为装瓶部主管。

自此，他记住了一条真理——凡事悉力以赴，总会有出头的一天。

这以后，他以优异的成绩考进了军校，日后成为美国参谋长联席会议主席、四星上将；又曾担任布什政府的国务卿。

鲍威尔曾在西点军校演说，以"凡事悉力以赴"为题，其中引述了以下的一个小故事——

在某建筑工地上，有三个工人在挖沟。

一个心气高傲，每挖一阵子就挂起铲子说："我将来一定会做地产公司的老板！"

第二个嫌工作辛苦，不断地抱怨工资低、工时长。

第三个默默苦干，挥汗如雨，脑子里只想着如何挖好沟坑使地基更牢固。

若干年后，第一个人仍无奈地干着挖沟的活；第二个人虚报工伤，找到借口提早告病退休，每月领取仅可糊口的微薄退休金；第三个人成了一家建筑公司的老板。

凡事悉力以赴，活出最好的自己，那也一定能够活出生命的彩虹。

一份 "随便" 的工作

有位记者先生问罗斯福总统的夫人："你能给年轻人一些忠告吗？"

总统夫人谦虚地推辞了。可是，经不起记者的一再央求，她最后也和他分享了如下的一段往事——

"那年头，我还是班尼顿学院的一名学生，想半工读并找一份工作。于是有人介绍我去见美国无线电公司的董事长萨尔洛夫先生。

"见面那天，萨尔洛夫先生很忙，但他还是抽出时间见了我。他直截了当地问我：'你想做哪一种职务的工作？'我心想：无线电公司是大企业，每种职务我都愿意去学着做。我于是就回答：'随便哪个职务都可以。'

"只见萨尔洛夫先生放下了手中的文件，双目定定看着我，严肃地说：小姐，世界上没有一种工作叫作'随便'的，成功的道路是用清晰的目标和不懈的努力铺成的。

"世间上有些人漫无目的地过日子，每天为了生活和工作中的琐事操劳烦恼，把自己弄得精疲力尽，但又做不出成绩来。

"萨尔洛夫先生的这番发人深省的话，让我一瞬间面红耳赤。这番话伴随了我一生，使我以后十分认真、十分严肃地对待每一份工作、每一项任务。"

萨尔洛夫先生教会了我们——

事业要成功的话，必须有个清晰的人生目标，然后朝着这个目标奋斗不懈，不要浑浑噩噩、随随便便地虚度人生有限的光阴。

盖茨的秘密

二〇〇三年五月，美国某著名大学的入学考试，给考生出了这样一道题——

比尔·盖茨的办公桌上有五个带锁的抽屉，分别贴着"财富"、"兴趣"、"幸福"、"荣誉"、"成功"五个标签，而他每天只带一把钥匙，请问他经常带着的是哪一把钥匙？

一位外国考生看到这条题目后，一下子慌了手脚，因为他不明白出题者的真正用意，也不知道这是一道英文题还是一道数学题，所以他没有做出任何答案。

考试结束，他去问他的老师。

老师告诉他：那是一道智能测试题，没有标准的答案，每个人都可以按照自己的理解去回答，当然考官会根据每个人的观点角度给一个合理的分数。

结果，这名外国学生在这九分的题上得了五分。虽然他没有写上一个字，但这说明他心里没有定案，不回答也算是诚实的表现，所以考官给他五分。

而另外一个考生，他回答比尔·盖茨带着的，是"财富"的钥匙，结果他只得到一分。

后来，这道题目通过电邮被发送到了微软的创办者比尔·盖茨的手里。

他在回函上写着这么一句话：

"在你最感兴趣的事物里，隐藏着你的人生秘密。"

这就是盖茨的秘密——他选择自己感到"兴趣"的工作，然后全心全意地投入全部精力和热忱去将之做好，因而获得了"成功"、"荣誉"、"幸福"、"财富"。

问心·发心·修心

"财富"、"幸福"、"荣誉"、"成功"其实都是由"兴趣"带来的。

关键是热爱自己的工作、自己的事业。

写一本书

　　一位朋友与出版社签订合同写一本书。这是他平生第一次写书，计划半年内写成。因此，在他往后半年的工作日程表上，每天都写上了"写书"两个字。

　　可是六个月过去了，他的书并没有写出来。出版社只好再给他三个月的时间。

　　在往后的三个月内，他的工作日程表上依然天天写上"写书"两个字。然而书还是没有写出来。

　　出版社无奈只好又给了他三个月的时间，不过说明这次要是仍然写不出来，就要取消合同了。

　　朋友发愁了："这怎办呢？"于是去请教一位教授"时间管理"课程的专家。

　　专家问他："你这本书，打算写多少页？"

　　朋友答："一百八十页。"

　　专家又问："那你共有多少时间写书？"

　　他答道："共九十天。"

　　专家于是说："很简单，只要你在工作日程表上写上：今天要写两页，那就行了。"

　　从此，朋友真的每天写两页书。有时如灵感到的话，他一天还可写上四至五页。但不管是哪一天，他至少会写出两页来。

就这样，他在两个月内终于完成了这本书。

有效的时间管理需要一点自觉和自律的精神，清晰地知道自己的目的，并善用时间，专注地做好眼前应做的工作，这样才能有效率地完成任务。

许多大忙人其实都是用这种自觉自律和活在当下的精神来处理每日繁重的工作。

只要善用时间，办事的效率就会提高，效果也会较好。

人人都是天才

加拿大有位少年名叫尊尼·马云，他爸爸是个木匠，妈妈是位家庭主妇。父母节衣缩食，把钱节省下来准备日后供儿子上大学。

高二那年，学校里的一位心理学家跟他说："尊尼，我仔细研究过你的学业成绩。我知道你一直很用功，但总是力不从心。我估计你再读下去亦只是浪费时间而已。"

少年失望极了："我父母会很难过的，他们一直期望我能上大学。"

心理学家安慰他说："人的才能各式各样。工程师不懂乐谱；画家亦不会写计算机程序。每个人都有自己的特长，你也不例外。终有一天，你会找出自己的长处，到时你父母定会引以为荣的。"

尊尼从此没有再上学。他开始替人修建园圃、修剪花草。

不久，人们开始注意到他的手艺，并称他为"绿拇指"，因为凡经他修剪过的花草无不出奇地繁茂亮丽，他为客人把前园那有限的空间因地制宜地精心装扮。他对颜色的配搭更是独具慧眼，经他设计建成的花圃无不令人赏心悦目，赞叹不已。

后来，连当地政府的市政部门亦委托他设计市内的公园，深得市民的称赏。大家一致承认他为园艺天才。

那已经是二十五年前的事了。如今，他已成为举国知名的园艺家。

问心·发心·修心

人的天赋是多式多样的，不是单由智商就能涵盖。

语云：上天为你关上一扇门，也会为你打开一扇窗。

只要能找到自己的定位，发挥自己的优势，你一定能创造出自己的辉煌。

坚毅之心

心耕

第五章

　　"境随心转"的前题，是有一个坚毅的、不屈不挠的、迎难而上的心。

　　这颗心，能让我们克服磨难，走出困境，迈上成功之路。

　　蓦然回首，你不难发现——磨难其实是人生成长不可或缺的一部分。正因为有磨难的锻炼和洗礼，我们才会变得更坚强、更干练、更具备成功的条件。

　　梁启超说："磨难是人生最好的大学。"人类社会亦是在克服无数磨难的基础上不断前进的。

苦尽金来

一九六二年，四位初出茅庐的年轻音乐人正紧张地跟一家唱片公司的负责人洽谈合作推出他们新写的歌曲。

这位负责人对他们的音乐不大感兴趣，拒绝了他们发行唱片的请求。

他甚至说："我不喜欢你们的歌声；吉他组合很快就会退出历史舞台。"

这四个人合伙的音乐组合，名字叫做"披头士"。

*　　　*　　　*

一九四四年，"名人录"模特儿公司的主管告诉一位梦想成为模特儿的女孩—— 诺马·珍·贝克（Norma Jeane Baker）说："你最好去找一份秘书工作，或者干脆早点嫁人算了。"

这个女孩后来的艺名叫做玛莉莲·梦露。

*　　　*　　　*

一九四〇年，年轻的发明家切斯特·卡尔森带着他的发明专利走访了二十多家公司，包括一些世界最大的公司，可是无一例外地遭到拒绝。

一九四七年，被拒绝七年之后，纽约罗彻斯特的一家小公司终于答应购买他的一项专利—— 静电复印。

这家小公司就是后来的施乐公司。

＊　　　　＊　　　　＊

有一位黑人小姑娘，在家中二十二个孩子中排行第二十。出生时，由于早产而险些丧命。

四岁时，她患上了肺炎和猩红热，她的左腿因此瘫痪。

九岁时，她努力脱离金属腿部支架独立行走。

到十三岁时，她勉强可以比较正常地行走，医生认为这是一个奇迹。同年，她决定成为一名跑步运动员。

她参加了一项比赛，结果是最后一名。随后的几年，她参加的每一项比赛都是最后一名。每个人都劝她放弃，但她还是要跑。

直到有一天，她赢得了一场比赛。此后，胜利不断，她在每一场比赛中都取得胜利。

这个黑人小姑娘，就是"黑色野羚羊"威尔马·鲁道夫，也就是三枚奥运会金牌的得主。

不要因为阻挠而放弃。

只要有毅力，坚持自己的信念，总会有成功的一天！

重生

重新出发向前走

玛丽·波特是一位著名的话剧演员。从年轻时起，她在世界戏剧舞台上活跃了五十年之久。

可是当她七十一岁住在巴黎时，因经济逆转而导致破产。更糟糕的是，她在当年乘船横渡大西洋时，不小心摔了一跤，腿部伤势很严重，而且引发了静脉炎。

给她治病的医生认为，必须把腿截去才能使她转危为安。可是，医生迟迟不敢把这个可怕的决定告诉她，怕她忍受不了这个打击。

可事实证明，这位医生想错了。当他最后不得不把这个消息说出来时，波特女士注视着他，平静地说："既然没有别的更好的办法，就这么办吧。"

手术那天，波特女士还高声朗诵着戏里的一段台词，面上毫无悲伤的神色。

有人问她是否在安慰自己，她的回答是："不！我是在安慰和感谢我的医生和护士，他们为我做手术实在太辛苦了。"

后来，波特女士继续坚强地在世界各地演出，又在舞台上工作了七年。

波特女士所做的，正是坦然面对苦难。

她勇敢地接受了截腿的手术，然后把苦难从心中放下，重新出发，继续走前面的路。

　　岑逸飞兄曾在他的专栏中提到圣严法师面对苦难的四点建议——

　　面对它、接受它、处理它、放下它。

　　面对苦难时可以如此，面对生活中的每个问题或困难时亦可如此。

　　而这也就是活在当下的真谛。

南瓜的生命力

美国一所大学，曾进行以下一项有趣的实验——

研究人员用多个铁圈，将一个成长中的小南瓜整个箍住，以观察它逐渐长大时，能承受多大的压力。

研究人员初时估计：南瓜最多只能承受四百磅的压力。

实验的第一个月，成长中的南瓜居然承受了四百磅的压力，丝毫没有损伤。

第二个月，南瓜承受了一千磅压力，依旧挣扎着生长。

当南瓜承受到两千一百磅压力时，研究人员必须对铁圈进行加固，以免南瓜把铁圈撑开来。

当南瓜承受四千磅压力时，瓜皮才因为巨大的反作用力，产生了一些裂痕。

研究人员取下铁圈，费了很大的力气切开南瓜。

他们发现，这个南瓜因为试图突破重重铁圈的压迫，瓜肉中间不寻常地长满了坚韧牢固的层层纤维。

更令人吃惊的是，当研究人员挖开土地，检查南瓜的根部时，他们赫然发现——

南瓜为了吸收足够的养分，好对抗铁圈的压力，它的根部不断向四面八方伸展，几乎穿透了整块实验农田的每一寸土壤！

南瓜面对恶劣的生存环境，以坚韧不拔的生命力奋起抗争，汲取一切环境资源，活出了生命的惊叹号。

问心 · 发心 · 修心

经验证明：许多人在巨大的困难中，也会像南瓜那样奋起，人体内的荷尔蒙分泌会让人产生出不寻常的力量，令人变得更坚强。

语云："磨难是人生最好的大学。"

没有磨难，就没有生命强者的催生和成长。

收入低微的校工

田中光夫在东京的一所中学当了几十年的校工，尽管周薪微薄，但他却十分满足。

就在他快要退休时，新上任的校长以他"连字都不认识，却在学校里工作，太不可思议"为理由，把他辞退了。

田中光夫恋恋不舍地离开了服务了几十年的校园，像往日一样，准备买点香肠回家做晚餐。

快到山田太太的食品店门前时，他才忽然想起：山田太太刚去世，食品店也关门了。不巧的是，附近也没有第二家卖香肠的商店了。

忽然，一个念头在田中光夫的心中闪过：反正现在也失业，不如干脆开一家专门卖香肠的食品店吧！

他于是拿出仅有的一点积蓄，接手经营山田太太的食品店，专卖香肠。

五年后，田中光夫竟然成了名声显赫的熟食品加工企业的总裁。他的香肠连锁店遍及东京大街小巷，并且产销一条龙服务。

然后，"田中光夫香肠制作技术学校"也应运而生了。

一天，当年辞退他的校长，得知这位前校工如今成为大企业家后，十分钦佩地来电话致贺：“先生，你没有受过正规的学校教育，却拥有如此成功的事业，实在了不起。”

田中光夫由衷地说：“幸亏你当日辞退了我，让我摔了一大跤，我才认识到自己原来可以做其他的事。否则，我现在肯定还是收入低微的校工呢！”

—————— 问心·发心·修心 ——————

还是中国人的那句老话：“塞翁失马，焉知非福。”

我们不能掌握人生际遇，却可以在际遇中凭一己之力活出美好的人生。

失败的定义

一九二七年，美国阿肯色州的密西西比河大堤被洪水冲垮，一个九岁黑人小男孩的家园被冲毁。

在洪水即将吞噬他的一刹那，他的母亲奋不顾身地把他拉上了堤坡。

一九三三年，男孩初中毕业了，因为阿肯色州的高中不招收黑人学生，他只能到北方的芝加哥上高中。

他的母亲日以继夜地为人当佣工，赚钱供他读书。他以优异的成绩考上了大学。

一九四二年，他创办了一份杂志，但缺少经费，不能给订户寄出他的杂志。母亲将家具作为贷款的抵押，让他顺利地从一家信贷公司取得贷款，渡过难关。

一九四三年，那份杂志开始得到广大读者的欢迎，甚为畅销。

后来，由于经济不景气，他所经营的一切业务都坠入了谷底。

面对巨大的困难，他感到回天乏力，于是心情忧郁地告诉母亲："看来这次我真要失败了。"

"儿子，"她说，"你努力试过了吗？"

"试过了。"

"非常努力吗？"

"是的。"

"很好。"母亲果断地说："无论何时，只要你继续努力尝试，就不算失败了。"

果然，他继续努力，终于渡过了难关，攀上了事业的新高峰。

他就是畅销的《黑人文摘》杂志的创办人约翰逊。

是的，我们只要继续努力，就不算失败。

失败的定义，其实是自己放弃一切的努力。

贫贱的出身

一位父亲带着儿子去法国南部的奥维尔镇参观著名画家梵高的故居。

在看过梵高那张小木床及破裂了口的皮鞋之后，儿子问父亲："梵高不是一位百万富翁吗？"

父亲答："梵高是位连妻子都没娶上的穷人。"

第二年，这位父亲又带儿子去丹麦的欧登塞，参观安徒生的故居。

儿子又困惑地问："爸爸，安徒生不是生活在皇宫里吗？"

父亲答："安徒生是位鞋匠的儿子，他就生活在这栋阁楼里。"

这位父亲是个水手，他每年往来于大西洋各个港口。这位儿子叫伊尔·布拉格，是美国历史上第一位获普立策奖的黑人记者。

二十年后，在回忆童年时，布拉格说："那时我们家境其实并不富裕，父母都出身于劳工阶层。有很长的一段时间，我一直认为像我们这样地位卑微的黑人是不可能有什么出息的，好在父亲让我认识了梵高和安徒生。这两个人的经历告诉了我：上天并没有歧视出身卑微的人。"

促使他成功的，无疑是那两位出身贫贱的名人。

♥

问心·发心·修心

众所周知，香港也有许多出身寒微但事业十分成功的企业家。

正是由于他们早年在艰苦恶劣的环境中奋斗不懈，才会有他们今天的辉煌成就。

梅花香自苦寒来。

年轻时的贫困和磨练，往往可以成为我们毕生的财富。

再试一次

儒勒·凡尔纳是位世界闻名的法国科幻小说作家。

很多人都拜读过他的名著，例如《八十日环游世界》《海底两万里》《地心探险记》等。但很少人知道他也曾遭受过极大的挫折。

一八六三年冬日的一个上午，凡尔纳家又来了一位邮差，他把一包鼓囊囊的邮件递到了凡尔纳的手里。

自从他几个月前把第一部科幻小说《乘气球五周记》的书稿寄到各出版社后，收到这样的邮件已经是第十四次了。

他怀着忐忑不安的心情拆开一看，上面写道：

"凡尔纳先生：

书稿经我们的编辑部审读后，不拟出版，特此奉还。"

每看到这样的退稿信，凡尔纳心里都是一阵绞痛。

这次是第十五次了。

他感到愤怒和绝望，于是拿起手稿向壁炉走去，准备把这些稿子付之一炬。

他的妻子赶过来，一把抢过书稿紧紧抱在怀里，并满怀关切地安慰丈夫："亲爱的，不要灰心，再试一次吧，也许这次能交上好运的。"

凡尔纳终于接受了妻子的劝告，又抱起这一大包书稿到第十六家出版社去碰运气。

　　这次居然没有落空。

　　读完书稿后，这家出版社立即决定出版此书。其后更与凡尔纳签订了二十年的出书合同。

　　如果当年没有妻子的鼓励，凡尔纳就没有"再试一次"的勇气，而我们也就无法读到凡尔纳笔下那些脍炙人口的科幻故事了。

　　我们也可以多鼓励自己和身边的人，给自己，也给朋友"再试一次"的勇气！

冬天不砍树

菲力九岁那年冬天，父亲带他到北方雷湾城的郊区，和爷爷一起过圣诞。爷爷在那里有一个小小的农庄。

一天，菲力在玩耍时发现屋前的几棵无花果树中，有一棵看来已枯死了——树皮已剥落，枝干也不再呈暗青色，而是完全枯黄了。

菲力稍一碰就"吧嗒"一声折断了一根枝条。

菲力于是对爷爷说："爷爷，这棵树已死了，把它砍下来吧。这样我们可以再种一棵。"

爷爷摇了摇头，说："也许它确是不行了。但是过冬之后可能还会萌芽抽枝的，说不定它仍有一点生机呢！请你记住：冬天里不要砍树。"

不出爷爷所料，翌年春天，这棵看上去已经死了的无花果树居然真的重新萌生新芽，和其它的树一样感受到春天的来临。

真正死去的只是几根枝丫。

到了五月，整棵树看上去跟其它树差不多，一样的枝繁叶茂，绿荫怡人。

长大以后，菲力当上了教师。

在他往后二十多年的教学生涯中，也不止一次地遇过类似的情况——

一位既口吃又迟钝的学生，日后竟成了一位名律师。

另一位最淘气、成绩最差的男孩，后来成了大学里的优异生，如今是一位成功的企业家。

他自己的一个小儿子，幼时不幸患上小儿麻痹症，差点成了废人。可是菲力记住爷爷的话，没有放弃他，也一直在鼓励着他。如今，他已完成了大学课程，成了一个公共图书馆的馆长了。

------- 问心·发心·修心 -------

我们要相信：

只要不轻言放弃，凡事都会有出现转机的可能。

上善若水

陕西有位年轻人，从小就爱文学和写作，希望日后能上大学念中文系，然后当个作家。

他本应是一九六一年高中毕业的。当年他所就读的高中有一半人考上了大学，可是由于家境清贫的关系，家里要他休学一年。

到了他一九六二年高中毕业时，适逢饥荒和经济困难时期，大学收生大幅减少，他也落榜了。

命运和他开了个玩笑，令他的世界一下子变得黯淡无光。

父亲体会到儿子心中的苦楚，于是开解他说："你知道水是怎么样流出大山的吗？水遇到大山，碰撞一次后，不能把它冲垮，不能越过它，就学会转弯，绕道而行，因地制宜找出路。请你记住：困难的旁边就是出路，是机遇，是希望！"

父亲又说："即使遇上了深潭，水还是一样流淌，不断积蓄活水，不断向前奔流，就一定能够找到出路。"

儿子记住了父亲的话。

他后来当过小学教师、中学教师等职务，业余努力写作。

一九八二年，他终于"流出了大山"，进入陕西省作家协会成为专业作家。

一九九二年，正是由于他有了四十年农村生活的积累，他写出了大气磅礴、颇具史诗风格的传世之作——长篇小说《白鹿原》，奠定了他在当代中国文坛的重要地位。

　　他就是著名作家陈忠实先生。

问心·发心·修心

　　后来有年轻人问他：“我们应该怎样面对人生的困难和挫折？”

　　他不无感慨地回应：“就像水一样流淌，依山而行，借势取径，那就一定能流出大山。”

　　此言不虚。

长了半寸的袖子

史蒂芬是个年轻的裁缝，学成手艺后，他在美国德克萨斯州的一个小城，开了家裁缝店。

由于他做事认真，价钱亦相宜，因此客人不少。

一天，哈里斯太太请他做一套晚礼服。

然而，他做完后，才发觉袖子比哈里斯太太的要求长了半寸，可是客人马上就要来取衣服了，他已来不及修改了。

哈里斯太太来到店中，试穿上这件新的晚礼服，十分满意，不断称赞史蒂芬的手艺很好。

可是当她要付款时，没想到史蒂芬竟坚决拒绝，并解释说："太太，我不能收你的钱，因为我把晚礼服的袖子做长了半寸。为此我十分抱歉，也十分内疚，希望你日后能让我把它修改好。"

听了史蒂芬的话后，哈里斯太太一再表示她对晚礼服已很满意了，并不介意那半寸。

但不管哈里斯太太怎样说，史蒂芬无论如何也不肯收她的钱。

在回家的路上，哈里斯太太对丈夫说："这位年轻的裁缝日后一定会大有作为。"

哈里斯太太的话一点也没错。

史蒂芬日后果然成为了一位顶尖的服装设计大师和制衣商。

他那一丝不苟的工作态度和勇于承认错误的精神，令人十分感动。

我们在自己的生活里，又有没有持守这一种态度？

第六章

爱心基因

年豐便覺村居好江邊
新添賣酒家
文民先生 雅正
子愷畫

爱的考验

在某个培训活动中，老师出了一个题目——"爱的考验"，要求学员们每人讲一下自己的一些个人体会或经验。

轮到一位名叫刘晴的女孩时，她给大家讲了如下的一个故事——

有一对年轻的生物学家夫妇，很是恩爱，经常一起深入丛林里去从事科学考察和收集样本的工作。

有一天，他们又走进了一片茂密的森林里。

可当他们正要爬过一个熟悉的山坡时，突然愣住了，一只老虎正对着他们。

他们没有带猎枪，顿时脸色苍白，一动也不敢动。

老虎也站着，僵持了几分钟，然后竟朝他们过来，它开始小跑，且愈跑愈快。

就在这时，那位丈夫突然大喊了一声，然后自顾自地飞跑开了。

奇怪的是，已快到妻子面前的老虎也突然改变了方向，改变了目标，朝丈夫那边追了过去。

随后那边传来了惨叫声，而妻子却平安地逃了回来。

这时候，几乎培训班上所有的人都说了声："活该。"

刘晴问大家："知不知道那丈夫喊的是什么？"

然后，她告诉大家，丈夫向妻子喊的是："照顾好晴儿，好好活下去！"

说这话时，刘晴的脸上已挂满了泪水，解释说："念动物学的人都知道，在那种情况下，老虎只会攻击逃跑的人，这是老虎的本性。在那关键时刻，我爸爸一个人跑开了，他就是用这种方式通过了最严峻的爱的考验"

教室里一片沉寂，学员无不动容，有人甚至潸然泪下。

—————— 问心·发心·修心 ——————

你有没有用心去经营一段爱情？

能够找到彼此相爱及互相关顾的人是幸福的，请好好珍惜。

爱的重量

有位送蒸馏水的工友，有一天提着两大瓶的蒸馏水，准备送给居住在某住宅大厦三楼的一位客户。

这座五层高的楼宇，没有电梯，他只好吃力地爬楼梯上三楼去，累得气喘吁吁的，只好边走边歇。

正歇着，却见到一位中年妇女背负着一个胖胖的男人上楼，可她却毫不停顿，越过他直往顶楼走。

工友吃了一惊，问道："大嫂，你身体很好啊，你看我扛两瓶蒸馏水上楼都累坏了，可你背着的这位大哥最少也有八十公斤，却走得比我还快！"

中年妇女回应说："你扛的只是蒸馏水，而我背的却是我丈夫啊。他病了，要上去看大夫呢！"

说完，继续往上跑，很快便把工友甩在后面了。

工友心想，亲情的力量果然不可思议，这位瘦弱的大嫂背着亲人上楼，却一点儿也不觉得重。

待他送完了蒸馏水，准备下楼时，却在三楼的走廊通道里又遇上那位大嫂。

她满头大汗，蹲在那里等候着。

于是他走过去，好奇地问："那位大哥呢？"

中年妇女抬起头来说："送进去看病了。"

他又问："刚才你背他上楼都不觉累，怎么现在连站都站不起来呢？"

中年妇女说："我是在为我的丈夫担心啊！"

工友忽然明白了。

真正的重量其实压在大嫂的心上。她心中的那份牵挂、担忧，比起任何压在她背上的负荷都要重得多。

问心·发心·修心

在生活中，我们每个人的心中都装满了对亲人沉甸甸的爱和牵挂。

你心上有没有这样一种重量？

如果有，恭喜你！

这是一种福分。

爱的养分

美国有个小男孩，体弱多病，长着参差不齐而且很突出的牙齿，令他自卑甚至有自闭的倾向。

因此，他很少和同学们玩耍；老师要他回答问题时，他总是低下头来一言不发。

有一年的春天，小男孩的父亲从邻居那里取回了一些树苗。

他让他的孩子们在后院里每人种下一棵树苗，并且对他们说："谁的树苗长得最好，就会得一份礼物作奖赏。"

小男孩也想得到父亲的礼物，但当他看到兄妹们蹦蹦跳跳提水浇树的身影时，心里有些不平衡，竟然萌生了一个奇怪的念头：希望自己种的那棵树苗早点死去。

因此，当他浇过一两次水后，便再也没有回来照顾这棵树苗了。

几星期后，小男孩惊奇地发现—— 他的树苗不仅没有枯萎，而且还长出了几片新叶子。

与兄妹们种的树苗相比，他的树苗显得更嫩绿，更生机盎然。

父亲也兑现了诺言，给小男孩买了一份他最喜爱的礼物作奖赏，并且说他很会种树，日后可能成为一位植物学家。

从那时开始，小男孩逐渐对自己有了信心，变得积极和乐观起来。

一天晚上，小男孩躺在床上睡不着，于是不经意地到后园散散步，在月光下却意外地看见父亲正在用勺子向自己种的那棵树洒着什么。

顿时，他明白了原来父亲一直在偷偷地为自己的小树浇水施肥！

多少年过去了，那自卑的小男孩虽然没有成为一名植物学家，但他却成了美国总统。

他的名字叫富兰克林·罗斯福。

问心·发心·修心

亲情，是生命里一份预设的礼物。

你上一次关心亲人，是何年何月何日何时呢？

相濡以沫

多年前，在内地某农村的小溪旁，坐着一个小男孩和一个小女孩。

小男孩对小女孩说："如果我只有一碗粥，我会把一半给我的妈妈，另一半给你。"

小女孩心间一阵暖意。

十年后的一天，他们的村子被洪水淹没了，他不停地去救人，惟独没有亲自去救她。

当她被别人救出后，有人问他："你既然喜欢她，为什么不去救她？"

男孩说："我当时只想着，如果她死了，我也不想独活。"

这一年女孩二十岁，男孩二十二岁。

三年后，他们结婚了。

有一年闹饥荒，救灾单位给了他们一碗粥。

他们互相推让，都想让对方吃下充饥。结果，两人都没有吃，这碗粥三天后发了霉。

后来，他在政治运动中不幸成了被批斗的对象。

她没有像某些人建议的那样，跟他"划清界限"，总是陪着他挨批挨斗、挂牌游街。

夫妻俩在苦难的岁月中风雨同路。

许多年过去了，有一次坐公共汽车时，一位年轻人给他们让座。可他们谁也不愿意自己坐下而让老伴站着。

于是，两人紧紧地倚靠在一起，手里抓着扶手，脸上带着幸福的微笑。

车上不少人被这美丽而朴素的画面感动了，都投以羡慕的目光。

那一年，他七十二岁，她七十岁。

她说："如有来生，我一定会变成他，他也一定变成我，然后他再喝我送他的半碗粥！"

问心·发心·修心

爱情是什么？

爱情就是在平凡生活中给对方不平凡的感动。

无论命运如何，始终不离不弃、相濡以沫。

逃生记

那天清晨，一栋有六十多年楼龄的三层高的唐楼突然起火了。

眼见火势愈烧愈大，居民纷纷往外逃生，没想到才逃出一半人，通往地下的木楼梯就塌掉了！

剩下的九位居民，只好跑到唯一仍未烧着的三楼顶层，等待消防队救援。

消防队不一会儿就到了。

可让他们手足无措的是——这一带的老巷子太窄了，消防车和云梯根本开不过去。

危急之际，消防队长只好拽过一条旧毛毯，和其他三位消防员一起拉开，对三楼的人大声喊叫："跳！一个一个地跳下来，往毛毯上跳，背部向下！"

为了安全起见，他亲自示范了一个类似背跃式跳高的动作。

他高声向大家解释："背部朝下，这是最安全的做法！"

第一个男人于是跳了下来，屁股着地，可没有受伤。

第二个是小孩，他跳了下来，背部着地。

已经跳下的人按照了方法都没有大碍，顶多是从毛毯上滚下来时有少许擦伤。

此时，还有一个裹着大衣的女人站在楼顶，犹豫着不敢往下跳。

消防队长嘶哑地喊道："跳啊！快点跳下来啊，屋子快要烧塌了！"

女人终于跳下来了，可是她用的分明是跳水的姿势，头部朝下！

毛毯裂开了，她一头撞在地上，顿时头破血流。她的大衣也敞开了，大家这才看到她的小腹高高隆起。

"已经八个多月了，赶紧送我到医院剖腹孩子还能活……"她用极微弱的声音嘱咐消防队长。

问心·发心·修心

在危险面前，母亲往往会把生存的希望留给孩子，甚至牺牲自己。

这就是母爱的伟大！

穿针线的母亲

母亲为儿子熨衣服时，发现儿子衬衣袖子上的纽扣太松了，于是想着要把它钉紧一下。

她的儿子三十多岁，现在是一位声誉日隆的作家，天赋和勤奋成就了他的今天，母亲因此感到十分欣慰。

屋子里很静，只有儿子因写作而敲击计算机键盘的轻声。

母亲能从儿子的神态中看出——他正在文思泉涌地专心创作。

她在抽屉里找针线时，不敢弄出一点声响，惟恐打扰了儿子。

然后，她遇上点小麻烦——明明看见针孔在那儿，就是穿不进去。

她明白自己年纪大了，视力也差了。

儿子正在等待计算机文本文件的转移。

一瞬间，他从计算机屏幕上看见反映过来的母亲的身影，怔住了！

他忽然觉得自己就像那根缝衣针，虽然与母亲朝夕相处，可他总是专注于自己的写作。母爱的丝线在他那里已找不到"进出孔"了。

他这才想起，已经许久不曾和母亲闲话家常了。

"妈，让我来帮你。"

只一刹那，丝线穿针而过。

母亲笑靥如花，用心为儿子钉起纽扣来，就像在缝合一个美丽的梦。

母亲是很容易满足的。

例如，只是帮她穿一根针，让她实现为儿子钉好一颗纽扣的愿望，使她付出的爱畅通无阻，那她就很开心、很满足了。

在日常生活中，体贴父母往往就是如此简单的一回事而已。

覆育之恩

没上锁的门

在苏格兰的格拉斯哥，有位少女厌倦了枯燥的家庭生活，厌倦了父母的管制，于是离家出走，开始过着流浪街头、日渐堕落的生活。

许多年过去了，她的父亲死了，母亲也老了。母女之间从无联系。

母亲有一次听说女儿的下落后，不辞劳苦地找遍格拉斯哥的贫民窟及儿童收容所，并哀求收容所的职员让她把一张自制的海报张贴在收容所的门外。

海报上是一位面带微笑、满头白发的母亲的照片；下款有一行手写的字：

"我仍然很爱你……请你快回家！"

一天，女孩碰巧来到一家收容所，希望吃一顿收容所给街童提供的免费午餐。

就在进门时，她看到了那张海报，也看到了一张熟悉的面孔——那不是我的母亲吗？

不错，那正是她的母亲；底下还有一行字：

"我仍然很爱你……请你快回家！"

她站在海报前，悲从中来，泣不成声。

这是真的吗？

这时，天已黑了，但她还是决定向家急步奔去。

当她赶到家门时，已经是凌晨了。

终于，她鼓起勇气敲了一下家门。

奇怪！门自己打开了。母亲怎么没锁门呢？是不是刚有盗贼进来光顾？

她走进卧室，发现母亲已在床上睡着了。

此刻母亲惊醒，见到果真是女儿回来了，惊喜交集，紧紧抱着女儿不放，声泪俱下。

女儿问："家门怎么没有锁上？我还以为有贼闯进来了呢！"

母亲柔柔地说："自从你离家后，这扇门就再也没有上锁了。"

问心·发心·修心

父母爱护子女的一扇大门，是永远敞开的。

子女又有没有用一份不离不弃的爱，去回应父母？

烈火的考验

宝儿和大卫是一对恩爱夫妻，日子过得很幸福。

在结婚六周年纪念的日子，小两口高高兴兴地出外吃了一顿温馨的晚餐，作为庆祝。

然而，在开车回到家门的时候，却发现了一件让人痛心的事——

房子被烧毁了，多年来他们辛苦经营的安乐窝没有了。

只见宝儿和大卫两人飞快地下了车，向火灾后的废墟跑过去。

宝儿首先要寻找的，是他们的相簿。

那本相簿，记载了他们婚前的恋爱时光，还有他们婚后六年的幸福生活。

大卫首先要找的，则是他们两人之间的情信。

那些信，都是他们在恋爱过程中和结婚后写的。在大卫的心目中，每封信件都具有无可取代的位置。

可惜，整个房子和里面的东西，都已烧毁了。

那些相簿和信件又怎能留得住呢？

他们两人在废墟中艰辛地寻觅，最后只找到相簿和信件的灰烬。

然而，当他们把自己捡回来的灰烬放在一块，他们心中的喜乐却大于悲痛，因为他们都看到了配偶最真诚的爱。

　　他们发现——配偶心中最看重的，不是房子，不是珠宝，不是金钱或其它物质财富，而是他们两人之间的爱情。

問心·发心·修心

翡翠双栖

　　语云："千金易得，真爱难求。"

　　真爱，经得起烈火的考验。

　　这也是爱侣之间最宝贵的精神财富。

父爱

有这样的一对父子，坐在一起时很少话说，也不晓得是代沟还是其它沟通方面的问题了。

有一次，儿子被公司派遣，要到南非的开普敦去工作。

晚饭后，他告诉父亲："爸，我要到开普敦去工作了。"

"哦，我知道了。"

过了一会儿，父亲问："什么时候走？"

"后天。"

"哦，知道了。"父亲身子往前挪了挪，再问："那……什么时候回来？"

"我不知道。"

"哦，知道了。"父亲说这句话时，儿子看见父亲面色一沉，掩不住失望的神色。

屋子里又沉寂下来。

过了一会儿，父亲颤巍巍地站了起来，走向书房。

又过了好一会，父亲从书房走了出来，手中拿着一张《世界地图》和一支红色原子笔。

他走到儿子面前，问："开普敦在哪里？"

儿子拿过《世界地图》一看，然后指着南非的位置说："看，在南非，就在这里。"

"在这里……"父亲一边喃喃自语，一边用红笔在开普敦所在的位置画了一个红圈，又在老家所在的位置画了另一个红圈，然后画了一条红线，将老家和开普敦连接了起来。

父亲不无伤感地说："以后，当我想你的时候，我就看看这张地图上的两个红圈和一条红线好了。"

问心·发心·修心

这就是父爱——

看似低调而含蓄，实质上还是永远心连心的。

接吻

树枝上的乌鸦

一天，一位年迈的父亲和他的儿子在公园里散步。儿子已大学毕业，并已在外地工作多年，好不容易回家一趟。

父子俩坐在一棵梧桐树下，父亲忽然指着树枝上的一只鸟问："那是什么？"

"一只乌鸦。"

"什么？"父亲的听觉近来有点不灵光了。

"一只乌鸦！"

没多久，父亲又再问："那是什么？"

"爸爸，那是只乌鸦！听到没有？是只乌鸦！"儿子已经变得不耐烦了，他的声音一次比一次大。

父亲没再说什么。坐了一会儿后，父子俩回家了。

晚饭后，父亲拿出了一本发黄的日记本。

儿子不无好奇地看着老父翻看那日记本。他依稀记得父亲有个写日记的习惯，记下日常生活里的点点滴滴。

父亲翻到了二十多年前写下的一页，然后自言自语地读了起来：

"今天，我带着小儿子到公园里散步。小儿子看见草坪上有只鸟，问我：'爸爸，那是什么呀？'我告诉他：'那是只乌鸦。'不一会儿，小儿子又再问我那是什么，我说是只乌鸦……儿子反复地共问了二十五次，我每次都耐心地重复一遍。很开心看着孩子成长，我知道他很好奇，真希望他能记着那只鸟的名字。"

儿子听了，心里暗叫惭愧，说："我懂了，请原谅我，爸爸！"

问心·发心·修心

父母给子女的养育，耐心又悉心。

到父母都年老了，作为子女的，又有没有当年父母那种耐心又悉心的对待？

父母与儿女

那个一进家门就喊："我肚饿了！怎么还未开饭？"的人是儿女。

那个一进家门，衣服都来不及换就下厨煮饭烧菜的人是父母。

那个成天抱怨"功课多、累死人"的人是儿女。

那个上了一整天班，下班后仍忙于家务再"陪读"的人是父母。

那个动不动就开口要钱，不给就生气的人是儿女。

那个省吃俭用、精打细算，但从不会吝啬于子女教育的人是父母。

那个记不住家人生日，可一到自己生日就呼朋唤友的人是儿女。

那个很少记着自己生日，却用心为家人准备生日礼物的人是父母。

那个宁愿把大量闲暇时间放在娱乐和朋友聚会上，却不愿回家看看家人的是儿女。

那个只要看见儿孙，尽管只是一会儿，仍然满心喜悦的人是父母。

那个总是以自我为中心，从不把家人当一回事的人是儿女。

那个从不把自己当一回事，却总以子女为荣，四处"炫耀"子女的人是父母。

那个在外边受了一点委屈就回家大吐苦水，以求得到家人同情和安慰的人是儿女。

那个无论在外面受了多少怨气，回家后仍强颜欢笑的人是父母。

那个早上赖床不起来，还抱怨别人吵醒他或令他迟到的人是儿女。

那个因操持家务而睡得很晚，而睡到黎明即起床，准备早餐的人是父母。

这就是父母和儿女的区别。

问心·发心·修心

请不要以为父母与儿女的角色和责任都是理所当然的。作为儿女，不也是有做父母的一天吗？

预订的礼物

自从丈夫辞世后，她只剩下了可怕的孤独和漫无目的的人生。

尽管丈夫因癌症而缠绵病榻多月，她还是没有为他的离去做好心理准备。

他俩无儿无女，以前总是一起分享生活里的一点一滴。

现在，丈夫走后的第一个圣诞节就快要到了，她愈来愈感到孤寂难受，真的是每逢佳节倍思亲。街上播放着圣诞歌曲，可她却连挂起圣诞灯饰的心情都没有。

门铃响了，门外有位陌生的年轻人，提着一个大纸箱，问道："是布朗夫人吗？"她点了点头。

"我是宠物店的哈利，负责送这份礼物给你。"

年轻人打开了大纸箱。啊，原来是一条小狗。

"这是你的，夫人。它已经有六个星期大了，已经习惯了室内生活。"

小狗从大纸箱里溜了出来，愉快地摇着尾巴，开始在布朗太太的寓所里转来转去，熟习新的环境。

布朗太太惊讶，结结巴巴地问："可是……我没有订购小狗啊 是谁……谁送给我的？"

年轻人从衣袋中取出一个信封，递了给她，说："这里面有一张订单，是今年七月有人给你预订的圣诞礼物，当时小狗尚未出世呢。"

信封里还有一封给她的信，是丈夫那熟悉的笔迹，是他去世前三个星期写的。

信里大意说，已在宠物店预订了这只小狗，作为送给她的最后一份圣诞礼物。

她终于明白了，丈夫送这只小狗是让它来陪伴自己。

当然，这还包含了丈夫对她的深深爱意，希望她能好好地活下去。

问心·发心·修心

爱一辈子还不够呢！

即使自己快将离世，也惦记着心爱的人活着是否还感到幸福快乐。

爱——是在人生里最窝心最感动的一份无形的礼物。

不扣领纽的丈夫

刚结婚的时候，小两口过的日子并不宽裕，一台电视是家中最值钱的东西了。他在写字楼当白领，她留在家里做家务，煮饭洗衣。

北方的二月，春寒料峭。

这天他下班，她端上了一杯热茶。此刻发现他的白衬衫的领口纽居然没有扣上，颈部外露在冷风中。

再细心一看，袖口纽也没有扣上，折卷起来的，不冷吗？她想：也许是他上班后工作忙碌，觉得热吧。

第二天早上，他准备出门，领口、袖口纽仍然没有扣上。她按捺不住，走上前要帮他扣好。

他竟然说："扣上纽好难受！"

她温柔地劝说："外面风大，还是扣上吧！"他笑笑，没有再说什么。

她目送他走出家门。忽然，看见他的手伸向领口，然后是他的袖口。她明白了，他又解开了纽扣！

她当然生气，快要当爸爸了，还这样任性、这样淘气。

晚上他回来，纽扣扣得整整齐齐的，她假装生气："你这是到家门口才扣上的，我都全看见了！你连自己的身体都不能顾惜好，怎能顾惜好这个家？"

他急了，终于委屈地说了一句："这……这还不是为了疼你……"

他们小小的家里没有洗衣机，所以不管多冷，换下的脏衣服都是由她手洗的。看着她那被冷水冻得通红的小手，他心疼。

原来他不扣纽，是为了不让白衬衫脏得那样快，让她少洗几次衣服，于是就在刺骨的寒风里，敞开自己的领口、袖口……

问心·发心·修心

爱一个人可以有不同的表达形式。

真爱无处不在，见诸生活里的点点滴滴，只待你用心去体会。

交换生命之路

广西大瑶山的一个瑶寨里，住着一对相依为命的母子。

日子过得很清贫，小孩八岁那年，突然得了一场大病，总是晕一阵醒一阵的，而且高烧不退。

母亲带着他看了很多医生，都不能确诊，只说是一种怪病，没有人可以说得出病名来。但母亲没有放弃，只要打听到一丝希望，都会不顾一切地去尝试。

就这样她试了很多种药，可是孩子的病情不但没有起色，还逐渐变成卧床不起。

日子一天一天过，而家里一切能变卖换药的东西都卖掉了。

一天，母亲又从过路的人那里打听到一个神医，或可治好孩子的病。于是她背着孩子，走了两天找到了那位神医。

小孩服过神医的药后，果然有些起色。母亲喜出望外，每天起早摸黑上山砍柴，辛苦地多赚点钱，以便支付神医的药费。

母亲熬了多遍神医开的中药后，总会把药渣倒在附近的马路上，让行人踩个稀烂。

男孩问母亲为什么要把药渣倒在路上？

母亲告诉他："别人踩你的药渣，就会把你的病气带走，这样你就会快点痊愈！"

孩子不同意这种损人利己的做法，母亲也没有再说什么，从此以后亦不再把药渣倒在马路上去。

有一天傍晚，母亲进山打柴还没有回来，卧在床上的孩子想喝水，突然发现自己能够站起来了，于是跌跌撞撞地摸到了门口，希望等母亲归来。

他推开了门，门前是一条通往山里的小路，朦朦月色洒在这条母亲每天必经之路上。

这当儿，他才看到，小路上铺满着一层稠厚稀烂的东西，是药渣。

那条小路平时少人走，他知道就只有母亲每天上山砍柴时才会经过。

问心 · 发心 · 修心

为了儿女的健康，做父母的无不忧心伤神。

甚至乎，愿意牺牲自己的性命去作出交换。

当父母年老生病了，儿女也愿意有这样的付出吗？

人间的美景

有朋友在洛杉矶开了间旅行社。

一天，店里来了一位老墨（墨西哥裔的美国人），他是个仓库工人。

这位老墨对职员说："小姐，我要跟儿子一块去旅行。行程较长较复杂，要你费心了。

"是这样的，我的儿子今年九岁，读书很用功，也爱运动，是个人见人爱的好孩子。可是，一个月前，医生诊断他患上了严重的青光眼，视觉神经开始萎缩，不久将要失明了。

"我们做父母的，平日只顾谋生，疏忽了照顾孩子。孩子的病因此发现得太晚了，做父母的也有责任，所以我辞了职，这段日子想多点时间陪陪孩子。

"医生说他只剩下四个月左右的视力了。我希望儿子失明之前能好好地看一遍世界各地的美景，希望他对这个世界有个美好的印象和回忆。

"本来应该是一家人去的，但我是个蓝领，钱不够。我太太只好放弃了同行，就我和儿子两个人出去。

"我们打算去瑞士滑雪，然后去澳洲看大堡礁，观赏海底世界。我还要带他去看中国的万里长城、埃及的金字塔、东非的野生动物群；也到撒哈拉大沙漠骑骑骆驼。"说着，这位父亲的眼里闪现出无限的憧憬，尽管仍带着一丝的忧郁与痛楚。

旅行社的职员十分感动，尽心尽意地给他安排了一个与时间竞赛的旅程，并默默地为他们送上一份祝福。

四个月后，这对父子回来了。孩子的心间增添了一份永恒的美好记忆，和一份厚重不已的父爱。

问心·发心·修心

人生尽是美好的风光。

而当中最美丽的画面和记忆，一定是父母对儿女的尽心爱护。

半壶开水

他俩从小青梅竹马，长大后又一起成了沙漠探险队里的青年科学工作者。

一直深爱着对方，但是两人还没有说出口，还没有到谈论婚嫁的时候。

有一次，他们一起奉派执行任务，到沙漠里去采集一种生物的标本。

沙漠里不巧刮起了大风沙，令他俩迷了路，所带的水和干粮都用得差不多了。

白天里的沙漠，头顶上的烈日像是和他们作对，烤得整个沙漠像蒸笼一般。两人被晒得嘴唇干裂，加上长途跋涉，两人都有点筋疲力尽了。

女孩知道自己支撑不住了，一下子跌倒在地上。她坚决地说："你先走！你先出去！"

"不！"男孩怎忍心抛弃他心爱的人？

"你必须走！路上可以做些标记，这样你走出沙漠后，救援人员就可以沿着那标记回来营救我，否则我们谁都走不出去。"

男孩咬咬牙，说："好吧！我会很快回来，一定要等我！

对了，你的水还够吗？"

"足够了！你看壶有多重！"男孩提起她的水壶，确实不轻，估计仍有半壶水。

"你的水壶呢？"女孩急切地问。

"我的也足够我走出沙漠了！"女孩提了一下他的水壶，干裂的嘴唇露出了一丝微笑。

男孩于是疯狂地向前跑。

数日后，当他终于走出沙漠，看到救援人员时，只说了一句话："快去救她！"

当救援人员找到女孩时，惊讶地发现她还活着，只是和男孩一样，气息微弱，严重缺水。

令人们不解的是，他们手里的水壶都颇重的，而在生命垂危的时刻，他们谁也没有喝上一口。

等到打开水壶一看，人们才发现原来两个水壶里都装上了半壶沙子……

那两个装了沙子的水壶，其实都盛装着一份无私的爱。

没有爱，两个人都可能已经死去了。

那是爱，缔造了生命的奇迹。

喜舍之心

想得故園今夜月 幾人相憶在江湄

德寬先生 惠屬

之誠 畫圖

心耕

第七章

　　快乐有多种。一种是因物质欲望得到满足而衍生的感官上的快乐（或兴奋的感觉）。这种快乐不一定能持久。过了一段时日后，"新玩意儿"带来的新鲜感逐渐消失，原来亦不过如是，快乐和兴奋的感觉也就慢慢淡下去了，需要新的欲望或目标才能产生新的兴奋。

　　不晓得你曾否因为一些善行（例如帮助别人），而在心间油然生出一丝丝快乐的感觉？

　　善行神奇的地方，在于它能让我们体会或印证自己生命的存在价值。这其实也就是"助人为快乐之本"和"能舍才能得"的原理。

　　由于这种快乐的感觉是源于心底，因此也较历久而常新。

　　一个慈悲喜舍的人生，往往也是一个快乐的人生。

掉失了的眼镜

一九四六年的春天，有位当木匠的美国华侨正在忙碌地赶制一批木箱。

那时二战刚结束，百废待兴。当地一个教会收集了不少衣物，准备运到中国去，供孤儿使用，因此需要寄运的木箱。

晚上回家后，木匠伸手到自己的衣袋里去找眼镜以便读报，却发觉眼镜不见了。

他想了好一会，才意识到可能在工作忙乱之间，眼镜从自己衬衫的口袋里不经意地滑了出来，掉进了木箱里去。如今木箱已钉封好并已寄运了，实在无可奈何。木匠只好节衣省食，重新为自己再配一副眼镜了。

半年后，那位担任中国孤儿院院长职务的美国传教士回美国休假，并走访了木匠所在的芝加哥地区的那所小教堂。

传教士衷心感谢每一位曾经帮助过孤儿的当地教友。

"最后，"他加重语气说，"我必须感谢你们去年送给我的那副眼镜。大家可能都知道，日本人炸毁了孤儿院里不少的东西，包括我的眼镜。当时我根本没有条件重新配一副眼镜。由于眼睛看不清楚，我的工作效率大受影响，而且经常头痛不止。我和我的同事们天天祈祷，希望能得到一副眼镜。

然后，你们的箱子就运到了。打开箱盖后，我们果然发现有副眼镜放在衣服上面。各位朋友，当我戴上这副眼镜时，发觉它就像是为我订做的一样。我周边的世界顿时清晰起来，头也不再痛了。真的衷心感谢你们！"

站在一旁的老木匠顿时明白了："原来，是上帝取走了我的眼镜，送给他认为更有需要的人。"

问心·发心·修心

人生有得又有失，得者当然高兴，失者也不要太介怀！

如果自己的缺失能够换取更具意义的社会价值，何乐不为？

不是小偷

一所中学今年暑假办了个夏令营，每天都给学生安排各种有趣的野外活动。可是这次野外活动竟发生了一件失窃事件——男生的寝室被小偷光顾了！小偷偷去了几位同学的相机和手表，还有负责夏令营的王老师的一条西裤。

被偷去财物的男生们固然感到懊丧，而王老师一同参加了这个夏令营的六岁小女儿知道了事情后，逢人便煞有介事地叫嚷："小偷来啦！小偷偷去了我爸爸的西裤啦！"

王老师是个极其淡泊的人，对他来说，失去一条西裤，并不会让他朴素的衣着显得更寒酸；同样地，多了一条西裤，也不会令他变得更时尚或瞩目。

那天，他悄悄地把小女儿叫到面前，认真地要求她："请你不要再向人讲西裤的事了。记着：世界上并没有什么小偷。这两个字多难听啊！"

"是小偷！是小偷偷去的！"小女儿坚持说。

"不是！不是小偷！是一个人拿去，因为他比我更需要那条裤子而已。"

学校的师生们后来都知道了这件事，不少人深为感动。王老师这样一位个子不高的普通人，却有着这样高尚的灵魂。

是的，小偷不曾在他的生命中出现，因为凭借他的爱心和宽容，他早已消除了盗窃这回事了。

慈悲是一种境界，是对众生最深沉的悲悯。

宽容也是一种境界，是对众生最大的包容，能使心与心之间的距离愈来愈近。

我们都是菩萨

一个暴风雨的晚上，在云南某个偏远的山村里，有位孕妇即将临盆。可现在她的丈夫远在广东打工，身边只有一个五岁的小男孩。

情急之下，这位产妇报了警。

由于暴雨已造成了山洪暴发和大量的泥石流，救护车和救护人员都已经全部出勤去了，负责留守的警员，只好打电话找到当地一个志愿团体的负责人，请求他协助。

那位负责人马上答应。

他亲自开车到孕妇家里，把她送到医院。最后孕妇顺利生产，母子平安。

这时，他才想起孕妇家里还有一个小男孩没有人照顾，于是便用手机给志愿团体的一位平时最不热心但也是唯一尚未出勤的成员打了通电话，希望他能前去照顾好那个小男孩。

那位"落后分子"很不情愿地从被窝里钻了出来，开车到小男孩的家。

一路上，他不是诅咒鬼天气，就是不停地抱怨。

费了一番周折，他终于找到了小男孩的家，把孩子抱上了车。

那小男孩上车后，忽然问他："叔叔，你是不是菩萨？"

他感到莫名其妙，于是反问："小朋友，你为什么说我是菩萨？"

小男孩说："我妈妈临出门时，告诉我要勇敢地守在家里。她说：'这个时刻，只有菩萨才能救我们了。'"

他心中暗叫惭愧，说："我不是菩萨，但我是你的朋友。"他万万没想到，有一天自己也可以成为别人心中的菩萨。

问心 · 发心 · 修心

我们每个人也可以成为别人心中的菩萨。

因为每一个人都可以点燃起自己内心的一盏灯，一盏向善的灯。

两口井

一个村庄里有两口井，一口在村南，另一口在村北。

村庄一带地下水的水位很高，水量补给亦十分丰富，因此两口井的水取之不尽。

后来有一年的深秋，村北水井旁边的白杨树落了不少叶子，村民打水的同时也打到了一大堆的树叶，于是附近的村民都不想再来这口井打水了，改到村南那口井去。反正村庄不大，也没有多费上什么气力。

渐渐地，村北的这口井就闲了下来，而它心里也高兴呢，因为少了那些讨厌的水桶每天扯上扯下，清静多了。

它觉得村南那口井太傻了，每天忙忙碌碌地给人送水，又不断地要从地下水源中补充水量。

这样子一年过去了，两年也过去了。

一天，有位老太太偶尔来到村北的这口井打水。可是她汲上一桶水后，马上就哗啦哗啦地倒掉！因为这口井的水已发黑腐臭了！

老太太只好挑着水桶又去到村南的那口井去打水。而从此以后，再也没有人来村北的井里打水了。

它成了一口废井，村里的人甚至商量着准备要填掉它，以保障村民的健康。

　　村北的这口井现在才明白——一口井里的水如要保持清新甘美，就必须不断地舍予别人，这样子才能不断地得到活水的补给。

　　要能舍，才能得。

　　否则，活水就会成了死水，就会腐臭，最后自我作废了。

　　人亦如是——

　　一个人如能不断地给予，为社会付出和奉献，就能保持活力和自己的价值。

两筐苹果

韩国的一个家庭里有三个儿子。

有一回，亲戚送给他们家两筐苹果，一筐是刚刚成熟的，还可以储存一段时间；另一筐是已经完全熟透的，如果不在三天内吃掉，就会变质腐烂。

父亲把三个孩子都叫了过来，说："孩子们，请你们想想怎样的吃法，才不浪费每一个苹果？"

大儿子说："当然是先吃熟透了的，这些是放不过三天的。"

父亲显然不大满意大儿子的建议："等我们吃完这些后，另外的那一筐也要开始腐烂了。这样一来，我们吃的始终不是新鲜的苹果。"

二儿子想了想，说："那就该吃刚刚成熟的那一筐，先拣好的吃吧！"

"如果这样，熟透的那筐苹果不是白白浪费了吗？你不觉得可惜吗？"父亲一边说，一边把目光转向了小儿子，"你有更好的办法吗？"

小儿子微微思索了一下，说："我们最好把这些苹果混在一起，然后分给邻居们，让他们帮忙吃一些，这样就不会浪费每一个苹果。"

父亲听了，满意地点点头，笑着说："不错，这的确是个好办法。那就按你的想法去做吧。"

多年后，这个选择把苹果分给邻居的孩子当选为联合国的秘书长，他的名字叫潘基文。

问心·发心·修心

呦呦鸣鹿得食相呼

舍得与人分享的人，人生路上会有许多朋友，并会在事业上得道多助，因而取得更大的成就。

日行一善

他的父亲原是中美洲某岛国的大庄园主。七岁以前，他过着钟鸣鼎食的生活。可是上世纪六十年代，岛国突然掀起一场革命，他的家失去了一切。

家人带着他逃亡到美国的迈阿密。

为了生计，他从十五岁起就跟随父亲外出打工。

他的第一份工作是在海边小饭馆做服务员。由于他勤快、好学，很快便得到老板的赏识。

后来老板推荐他到一家食品公司任推销员兼货车司机。临去上班，父亲告诉他："我们祖先有一个遗训：'日行一善'。在家乡时，父辈们之所以成就了那么大的家业，都得益于这四个字。现在你到外面去闯荡了，最好能记着。"

他记着父亲的嘱咐，日后总是做些力所能及的善行，例如在送货时帮店主把信件带到另一个城市，或让放学的孩子搭他的顺风车之类。

四年后，他被擢升为拉美市场的营销主管。

到了一九九九年，他被食品公司委任为总裁。

后来，他被布什总统延揽为美国的商务部长。

他的名字叫卡罗斯·古铁雷斯——这个名字今天已成为

"美国梦"的代名词。

《华盛顿邮报》曾为他做过一个专题访问，其后以"凡真心助人者，没有一个不帮到自己的"为题，写成了长篇报道。

古铁雷斯分享了改变自己命运的简单方法，那就是——"日行一善"。

问心·发心·修心

古铁雷斯说：

"一个人的命运，并不一定取决于某一次的大行动，往往是取决于他在日常生活中的一些小小的善举。"

两个钓鱼高手

两个钓鱼高手一起到海边垂钓，没多久便大有收获！

凑巧那天有十多位游客来到海边，看到这两位高手轻轻松松把鱼钓上来，不免感到羡慕不已，于是也去附近买了一些钓竿碰碰运气。

没想到，这些不擅此道的游客，钓了半天还是毫无所获。

那两位钓鱼高手，个性相当不同。

其中一人孤僻而不爱理人，爱享独钓之乐。而另一位高手，却是个热心肠又爱交朋友的人。

后者看到游客钓不到鱼，就说："这样吧！我来教你们钓鱼。如果你们学会了我传授的诀窍，因而钓到一大堆鱼时，每十尾就分给我一尾，不满十尾就不必给我。"

双方一拍即合，很快达成了协议。

教完这一群人，他又到海边另一群人那里，传授钓鱼术，同样要求每十尾便回赠给他一尾。

一天下来，这位热心助人的钓鱼高手，把所有时间都用于传授技艺，但他仍然可以获得满满一大篓的鱼，还认识了一大群新朋友。

同时，左一声"老师"，右一声"老师"地被人围着，备受尊崇。

同来的另一位钓鱼高手，却没法享受到这种因服务人群而带来的乐趣。

他闷钓了一整天，虽然收获也不少，但数数竹篓里的鱼，还是不及同伴的多。

问心·发心·修心

感情是在相互的施与受中产生的。

如果你能主动伸出善意的手，马上就会被无数同样善意的手握住。

第八章

平常心

草拓盤洪語笑昏燈火話平生

景鍵先生 雅屬 子愷畫

心耕

第八章

　　要了解什么是平常心，倒不如先了解一下什么是不平常心。

　　就如本书第一章里的小故事所反映，人有贪婪、嗔恨、愚痴、傲慢、猜疑等心，并因此而产生种种的罣碍、焦虑与不安。

　　佛教称之为五种根本烦恼，并叫前三者为心的三毒。

　　假如我们老是心有罣碍，甚至心中有毒、心中有鬼的话，那我们的心就难免有点不平常，甚至不平衡了。这样，我们也就难以平平常常、自自然然地过活了。

　　但假如我们能把这些心间的杂草除掉，耕好自己的心田的话，那我们就能心无罣碍、坦然自在地过日子。

　　这就是平常心。

心有罣碍

大凡到过日本京碧寺参观的人，都会见到山门匾额上的"第一义谛"四个大字。这确是一件书法佳作，吸引了无数游客驻足凝视，盘桓细赏。

这四个字是二百多年前洪川大师的手迹。洪川大师为了写这四个字，一共写了八十五遍。

洪川大师每写一个字，都会精心构思，反复揣摩，真可谓呕心沥血。

更有趣的是，替他磨墨的那位弟子，是个甚具眼力而又直言不讳的人。洪川大师的每一勾一捺，若稍微有点瑕疵，他都会"挑剔"出来。

"这幅写得不够好。"洪川大师写了第一幅后，这位弟子如是批评。

"那这一幅呢？"

"更糟，比刚才那幅还要差。"弟子摇头说。

洪川大师是个一丝不苟、力求完美的人，不愿意敷衍了事。因此，他耐着性子先后写了八十四幅。

遗憾的是，没有一幅得到这位弟子的赞许。

最后，在这位"苛刻"的弟子离开片刻的当儿，洪川大师松了口气，心想：这下我可以避开他那双锐利的眼睛了。

于是，洪川大师在心无罣碍的情况下，自由自在地挥就了第八十五幅"第一义谛"四个大字。

他的弟子回来一看，竖起大拇指，由衷地赞叹："神品！"

问心·发心·修心

心有罣碍时，就再不是平常心了。

只有解除束缚，放松心情，平常对待，自由发挥，才会得到最佳的效果。

优秀的园丁

　　话说一位美国阔太到欧洲某地去观光购物。她在市中心的一个花园里看见一位老先生正在专心地浇花剪草。从他那一丝不苟的态度看来，他真的是个很称职很优秀的园丁。

　　这位阔太在美国有一座偌大的私人花园。她想：眼前的这位老先生真的是个认真、细心、负责的好园丁，在美国哪怕出很高的工资亦难以找到。

　　今天既然让她碰上了他，为什么不把他请到美国去呢？

　　于是她问那位园丁：愿不愿意到美国去掘金？

　　她说："我可以付你比现职高三倍的工资，还可以帮你办移民手续，并支付所有的旅费和搬家费。"

　　为了说服他，她又把美国的经济如何如何繁荣、国力如何如何强大描绘了一番。结论是——美国是当今第一强国富国；园丁如移民那里，一定会发财致富，大有前途。

　　"夫人，"那位园丁静静地听完了阔太的话后，非常有礼貌地回答，"十分感谢你的好意，但真是不巧，我目前还有一个职务在身，不能离开。"

　　"那你就把它辞掉吧！我会给你补偿的。你还有什么兼职？还从事什么副业？送牛奶还是养鸡？"

"都不是，"老先生微笑着说，"我也希望人们在下次选举中不再投我的票，让我好接受你的美意。"

"什么？投票？你们这里连当个园丁都要投票选举？"

"不是的，夫人，我叫安德里，我这个园丁目前还兼任着我们这个小国的总统呢。"

—— 问心·发心·修心 ——

每个人在每一个特定的时候也有其扮演的角色。

当下负责打理花园，就专注于当下做好一个园丁的本分。

自在人生

IBM 公司著名的总裁托马斯·沃森，原本就患有心脏病，有次旧病复发，必须马上住院治疗。

"我怎么会有时间住院呢？"沃森一听说医生建议他住院，立刻焦躁地回答："IBM 可不是一家小公司呀！每天有多少事情等着我去裁决和处理，没有我的话……"

"我们出去走走吧！"这位医生没有和他多说，亲自开车邀他出去逛逛。

不久，他们就来到近郊的一处墓地。

"你我总有一天要永远地躺在这儿的。"医生指着一个个的坟墓说，"没有了你，IBM 公司里目前的工作还是会有别人接过来做的。我敢打赌：没有了你，公司仍然还会照常运作，不会就此关门大吉。"沃森沉默不语。

第二天，这位在美国商场上炙手可热的总裁先生就向 IBM 的董事会递上辞呈，并住院接受治疗，出院后过着云游四海的生活。

而结果 IBM 也没有因此而倒闭，至今依然是举世闻名的计算机行业的龙头大公司。

由于自尊心及责任感作祟，我们可能会以为自己的贡献是无人可以替代的。一旦自己走开了，公司就会出乱子，业绩就不会再辉煌了。

事实上，无论我在与不在，地球仍会继续运转。

人有生老病死，事物有成住坏空，这都是自然规律。

要学会放下，才能心安自在。

慈善家的矿泉水

　　某内地师范学校的校长和老师正去迎接一位捐助者。

　　这位捐助者是一位德高望重的香港实业家，多年来热心于资助内地的教育事业。

　　为了解渴，这些人在机场各自买了一瓶矿泉水。刚喝了几口，飞机就到了，大家不约而同地把手中的矿泉水扔进了旁边的垃圾桶。

　　一瓶矿泉水的价值多少？自然没有谁把它当作一回事。

　　看到慈善家从飞机上走了下来，大家急步迎上前去，向他问好。

　　慈善家的态度极其和蔼慈祥，笑容可掬地与大家握手交谈。他手上还拿着一个矿泉水的瓶子。

　　细心的人注意到，他手中拿着的几乎是一个空瓶子，瓶底只剩下一口水。

　　随着他走出机场，矿泉水在瓶内发出了轻微晃动的声音。他拿着那只装有一口水的瓶子一直坐上了接他的汽车，但他并没有扔掉那个瓶子。

　　车里是备有矿泉水的，有人递给他一瓶。他先摆摆手，把那瓶中剩下的一口水喝完，收放好空瓶子，才接过新一瓶的矿泉水。

这一次，慈善家留下了五百万元的捐款，他的名字叫田家炳。

二十年来，他已为中国教育事业捐献了逾十亿元。他平日节衣缩食，把自己辛苦赚回来的钱，都无私地奉献给教育。

问心·发心·修心

田家炳的高风亮节，是我辈学习的典范。

而那瓶矿泉水，正是勤劳节俭美德的最好教材。

静心应变

几个矿工在深深的地下矿坑中工作。

有一天，电路出了问题，所有的矿灯都突然熄灭了，他们陷入一片黑暗之中，几个人十分惊慌。

在漫长而漆黑的地下矿洞中，他们到哪里去寻找出口呢？

他们互相拉着衣角，小心翼翼地向前摸索，希望能弄清楚方向，但是一点用也没有。

他们走得精疲力竭也没有看到一丝亮光。

有人开始悲叹，有人开始抱怨。

此刻一个老矿工平静地说："这个时候我们最需要的是平静地坐下来想一想。"

于是，几个人只好坐下来冥思苦想。

一会儿，一个年轻的矿工兴奋地说道："有了，虽然隧道很长，但是现在是冬天，一定有风从出口吹进来，我们安静地坐下来，根据风的流动方向就可以找到出口。"

大家对这做法都表示怀疑，但如今也只好试一试。

几个人各自盘腿坐下，刚开始时心烦意乱，一点感觉也没有，可是过了一段时间，他们不知不觉地安静下来，感觉变得非常敏锐，真的有一丝丝微弱的风轻轻抚在脸上！

他们小心翼翼地追寻着风的来处，终于找到了出口。

激动与烦躁并不能解决问题。平心静气，冷静下来，仔细思考，往往就会找到解决问题的办法。

问心·发心·修心

矿工们盘腿坐下，刚开始时心烦意乱，可是过了一段时间就安静下来，知觉变得非常敏锐。

这正是禅修打坐的目的。

人静下来了，知觉会变得敏锐，思想就会变得更清晰，人也因此变得更有智慧。

第八章 平常心 215

真正的大师

一位世界一流的小提琴演奏家在指导学生时，很少说话。

每当学生拉完一曲，他总是把这一曲再拉一遍，让学生从倾听中得到启发和提升。

"琴声是最好的教育。"他如是说。

经其他老师转介，他收了一位很年轻的学生。

在拜师仪式上，学生为他演奏了一首短曲。

这个学生很有天赋，把这首短曲演奏得出神入化，天衣无缝。

学生演奏完毕，这位大师照例拿着小提琴走上台。但是这一次，他把琴放在肩上，却久久没有奏响。

他沉默了很长时间。然后，把琴从肩上又拿了下来，深深地叹了口气，走下台来。

众人目瞪口呆，不明白发生了什么事。

这位大师微笑着说："你们知道吗？他拉得实在太好了，我没有资格指导他。就以刚才他演奏的这一曲为例，我的琴声对他只能是一种误导。"

全场静默片刻，然后爆发出一阵热烈的掌声。

盛名之下的大师没有担心在大庭广众之下褒扬学生的高

超会无形中降低自己的威信。

他在拥有一流琴艺和一流师名的同时，也拥有磊落的胸怀和可贵的谦逊。而这才是真正的大师。

这个故事让我想起一位良师益友——联合出版集团的总裁陈万雄博士。

他曾出版一本名为《读人与读书》的文集。书中忆述了沈从文、启功诸前辈大师的道德行谊。这几位大师除了在学术或艺术上有杰出的成就之外，他们的行谊风范和磊落的胸怀更是值得我们学习的。

忙里偷闲

第三届国际电信业高峰会议在加州一个度假村举行。

每到会议休息时间，一些大公司的负责人便会回到自己的房间忙碌着，不是回复电邮、电话，便是和助手们分析研究其它公司的动态和策略，以便为自己所属的公司定位和找寻最大的发展空间，因此忙得团团转。

然而，在众人忙乱当中，环球电信公司的老总亨得利却喜欢独自一人沿着度假村内的忘忧湖散步，或是到花园中欣赏奇花异草。

刚开始时，其它大公司的老总还以为亨得利不重视这次峰会，或是留恋当地的山水风光。可是出人意料的是，每次在会议上发言时，亨得利却十分投入，侃侃而谈，思路敏捷，轻易带动了整个讨论的方向，成为峰会的焦点人物。

会议结束时，有位同行好奇地问他："平时见你好像漫不经心的样子，但一回到会议席上，你就精神百倍，掌握全局，你是不是吃了什么灵丹妙药？"

"是的，我的确是吃了灵丹妙药，那就是忙里偷闲、去散步、去赏花。在这段时间里我的大脑得到了很好的休息。这样一来，当我回到会议席上就会愈开愈精神了。这完全是劳逸结合的功劳。"

给自己片刻的休息，让精神和肉体注入新的能量和动力。

不要忘记：人类是从休息的乐园中被放逐出来的，而上帝在命令人类必须工作的同时，也赐给人类在工作过后享受悠闲的慰藉。

拾贝

专心走路

有几位心理学系的学生请教他们的导师兼著名心理学家："心态会对一个人的行动产生什么样的影响？"

心理学家微微一笑，把他们带进一间伸手不见五指的黑暗房间内。

在他的引领下，学生们摸着黑，但很快地穿过这间神秘的房间。

然后，心理学家打开房子里的一盏灯。

在昏黄黯淡的灯光下，学生们看到房间的下面是一个很深很大的水池，而池子里有许多凶恶的大鲨鱼。紧贴着水面的，是一个摇摇晃晃的浮桥。他们刚才就是从这座浮桥上走过来的！

心理学家看着他们，问："现在，谁敢再次走过这座浮桥呢？"

没有人回答。

心理学家走近水池，敲得鲨鱼的脑袋"咯咯"作响，原来里边都是一些树脂造成的假鲨鱼。

他说："现在我可以回答你们的问题了，这座桥本来不难走，但桥下的鲨鱼对你们造成了心理威胁。于是，你们失去了平静的心态。没有灯时，你们会专心走路。亮开灯后，你们会更专注于困难。心态对行为当然有很大的影响啊。"

如果你专心走路，时时处处想着的，是克服困难往前走，你走起来就会更轻松。

但如果你的脑海里总是想着困难给你造成的阻碍，那么你就会感觉成功的可能性愈来愈渺茫，从而可能会因为畏难心理而不敢去尝试。

♥

———— 问心·发心·修心 ————

面对挑战时，如能先把心态调整好，可能已成功了一半。

在此基础上，再专心走路，一步一步地克服困难去接近目标，总有一天会取得成功。

赤子心

刚刚抢劫了银行的劫匪驾车在大街上狂奔，警车呼啸，在后面紧追不舍。

劫匪眼看难以脱身，于是施出最后一招——

他将钞票撒落满街，指望见钱眼红的人群会为了捡拾钞票而阻住警车。

然而劫匪这回失算了，他仍然被警方拘捕了。

而且，那些散落一地的钞票，被人捡回来后，居然一张都没有少。

那些钞票被一大批刚开完学校运动会，正列队走回学校的小学生们捡到。

穿着红白相间的运动服的小朋友们，帮忙把散落在地上的钞票逐张捡了起来，并交给老师，老师又交给了校长，校长再交予警方。

警方和银行清点完毕后告诉大家："钱财无损无缺！"孩子们兴奋得鼓起掌来了。

记者闻讯赶来采访，问孩子道："你们在捡钞票时，有否想过把钱放进自己的口袋里？"

孩子们七嘴八舌地争着说话，让人听不清楚。这时，个子最小的一个孩子站了出来，他把自己浑身上下拍了一遍，说："叔叔你看，我们身上没有口袋啊！"

听后围观者都笑了。

假如有口袋他就会把钱往里头送吗？

当然不会，他不仅身上没有口袋，心里也同样没有口袋。

—— 问心·发心·修心 ——

我们成年人的问题往往是——

随着年龄的增长，我们的口袋会变得愈来愈多，愈来愈深，乃至愈来愈肿胀和沉重。

到最后，沉重到连给快乐留点空间都变得不可能。

而且愈想满足却愈没法满足自己的心。

羡慕别人

　　有位欧洲的女歌唱家，三十岁时就成了国际乐坛的红人。

　　据媒体报道，她还有个事业有成的丈夫和幸福的家庭，因此成了乐迷们十分羡慕的偶像。

　　一次，她到某国去演出，入场券一早就被当地的乐迷们抢购一空。当晚的演出也获得了极大的成功。

　　演出结束后，歌唱家和丈夫及儿子从剧院里走出来时，被早已等候在那里的乐迷和记者团团围住。

　　人们抢着发言，其中不乏赞美和羡慕之词。

　　有人恭维歌唱家三十岁不到就被评为世界三大女高音之一，自此红遍乐坛；也有人恭维歌唱家有个富甲一方的企业家丈夫；有人赞美她有个活泼可爱、脸上总是带着微笑的小男孩。

　　在人们议论纷纷的时候，歌唱家只是微笑着聆听，并没有表示什么。等到人们把话说完后，她才缓缓地说：

　　"我首先要感谢大家对我和我的家人的赞美。但是，你们看到的只是一个方面，还有另外一个方面没有看到。那就是你们刚才夸奖的活泼可爱、脸上总带着微笑的小男孩，不幸是个哑巴。同时，在我们家里，他还有个姐姐，是个需要长年关起来的精神分裂症患者。"

在人们惊讶的目光中，歌唱家心平气和地继续说："这一切说明什么？恐怕只能说明一个道理，那就是上天是公平的，它给谁的都不会太多！"

问心·发心·修心

人的生活，总有喜又有忧，你可以展示喜的一面，也可以展示忧的一面。

总之，人们看到的，往往都只是事实的其中一个面而已。

名牌金表

埃布尔回乡探亲，给他的侄儿送了一只手表。

一个偶然的机会，侄儿到大城市商场名表店闲逛，发现柜台上摆着和自己手腕上一模一样的手表，那是"劳力士"牌，标价近十万元。

侄儿见之一阵狂喜，又一阵慌乱，赶紧将手揣进裤兜里，然后回家。

回家后的第一件事，他取下手表，小心翼翼地放回那个精美的表盒里。

为了将盒子藏好，他费了一番工夫。

先放在抽屉里，后来觉得不妥，又藏在衣柜里一大堆衣服下面，可还是觉得不安全，又用旧报纸一包，塞进床底下的一个鞋盒里。可是，他刚从床底爬出来，又忐忑不安了，觉得仍不是最佳的地方。

当晚，他躺在床上辗转反侧，眼前总晃动着那只昂贵的金表。

接下来的日子，他白天干活老走神，无时无刻不惦记着那只手表。晚上则面临着愈来愈严重的失眠。

他开始埋怨伯父，干吗送他如此贵重的礼物？

有一天，一位要好的朋友来探望他。他拿出那只名表向朋友炫耀一下。见多识广的朋友将手表放在手上，仔细地端详了几分钟，一脸遗憾地告诉他："这只是仿造货，顶多值一千元！"

听了朋友的话，他失望之余，更多的是如释重负的感觉。

他高高兴兴地将手表重新戴在手上，拍了拍朋友的肩头："你要是早点来就好了，我就不会每晚失眠了。"

问心·发心·修心

人当然需要物质财富，但要避免为财富所束缚，变为自己的负担，那就得不偿失了。

钢琴演奏会

著名的钢琴家及作曲家帕岱莱夫斯基准备到美国某大音乐厅演出。那是一场乐迷期待已久的音乐盛宴。

当晚所有到场的观众们都隆而重之，穿着黑色的燕尾服或晚礼服出席。

观众中有一位母亲，带着一个活泼的九岁男孩赴会。

母亲希望孩子在听过大师的演奏后，会对学琴产生更大的兴趣。

演奏还未开始，孩子似乎有点不耐烦了，在座位上蠕动不停。

当这位母亲转头跟朋友交谈时，孩子再也按捺不住，从母亲旁边悄悄溜走。

孩子被舞台上那漂亮的大钢琴吸引，竟径自走到台上去。

就在台下观众不注意的时候，孩子把小手放在琴键上，开始弹奏他最近学会的一首曲子《筷子》。

观众听见琴声，一下子都静下来了。

数百双眼睛一起看着小孩，有人开始埋怨：

"谁把他带来的？"

"他母亲在哪里？"

"制止他！别让他弄坏了钢琴！"

在后台，钢琴大师也听见台前的琴音了。他赶忙跑到台前，看看出了什么状况。

此刻，他安然地站在小孩的身后，并没有制止，他甚至也伸出双手，即兴地弹出些配合《筷子》的和音，同时在小孩耳畔低声鼓励他："继续弹，我们一起弹。"

一曲既毕，台下掌声雷动。

此刻孩子的母亲热泪盈眶。

问心·发心·修心

对孩子来说，这是比听演奏会还要珍贵的一个启蒙机会，而且指导的还是一位大师呢。

让我们向无私并且用心地启发后辈的师长，致敬！

天下第一棋手

清代名将左宗棠喜欢下围棋，而且还是个高手，其属僚及友侪皆非其对手。

有一次，左宗棠微服出巡，路过一间茅舍，门梁上挂着"天下第一棋手"的匾额。

左宗棠大感兴趣，于是入内与茅舍主人连弈三盘，果真是棋逢敌手，将遇良才。

主人是位长者，结果三盘皆输给了左宗棠。

左宗棠于是笑曰："你可以将此匾额卸下了！"随后，左宗棠满怀自信，兴高采烈地走了。

左宗棠接着出征去了，并大获全胜。

班师回朝时，又路过这间茅舍，赫然见"天下第一棋手"之匾额仍未除下。

左宗棠于是入内，与茅舍主人又下了三盘棋。

这次，左宗棠三盘皆输，不禁大感讶异，忙问茅舍主人何故。

主人笑："上回，您有军务在身，马上就要领兵打仗，绥靖边疆，我不能挫你的锐气。如今，你已得胜归来，我也可以全力以赴，当仁不让了！"

世间真正的高手，对胜负皆了然于心间，并有"能胜而不胜"、善解人意和懂得退让的胸怀。

世间许许多多的烦恼，都是源于人那"输不起"的心态。

正是因为输不起，才无法面对失败，无法走出困境。

成败得失，背后皆有其因。

与其为失败而沮丧或抱怨，不如冷静地找出失败的原因，找出差距，努力改善自己的条件，下回成功的机会就更大了。